国家骨干高职院校重点专业建设项目成果
焊接技术及自动化专业

焊接自动化技术及应用

主　编　王长文
副主编　冒心远　杨森森
参　编　王滨滨　何珊珊
主　审　徐林刚　凌人蛟

机 械 工 业 出 版 社

本书为高等职业教育焊接专业教学改革教材，在知识与结构上均有所创新，不但符合高职学生的认知特点，而且紧密联系生产实际，真正体现学以致用。本书按照国际焊接技师（International Welding Specialist，IWS）培养的要求，选择典型的焊接自动化设备为载体进行学习情境描述，并按照工作过程的六步法安排教材内容，真正做到“教中学”和“学中做”相互融合。

本书以典型的焊接自动化设备为载体，以焊接操作人员的工作岗位迁移为主线，共设四个学习情境，将典型焊接自动化设备控制系统的设计、调试和操作同直流电动机控制技术、传感器技术、可编程控制器技术和弧焊机器人技术等先进自动化技术的理论内容有机结合，通过完成任务使学生掌握焊接自动化的基本知识，焊接自动化设备控制系统的设计、调试和操作技能以及安全操作知识。

本书可作为高等职业院校焊接技术及自动化、模具设计与制造、机械制造与自动化等相关专业的教材，也可作为成人教育和继续教育的教材，同时也可供其他相关专业的师生参考。

本书配套有电子课件，凡选用本书作为教材的老师可登录机械工业出版社教育服务网 www. cmpedu. com，注册后免费下载。咨询邮箱：cmp-gaozhi@ sina. com。咨询电话：010-88379375。

图书在版编目（CIP）数据

焊接自动化技术及应用/王长文主编. —北京：机械工业出版社，2015. 9
国家骨干高职院校重点专业建设项目成果. 焊接技术及自动化专业
ISBN 978-7-111-51670-5

Ⅰ. ①焊…　Ⅱ. ①王…　Ⅲ. ①焊接—自动化技术—高等职业教育—教材　Ⅳ. ①TG409

中国版本图书馆 CIP 数据核字（2015）第 224906 号

机械工业出版社（北京市百万庄大街 22 号　邮政编码 100037）
策划编辑：于奇慧　责任编辑：于奇慧　吴晋瑜
责任校对：张　薇　封面设计：鞠　杨
责任印制：李　飞
北京振兴源印务有限公司印刷
2017 年 3 月第 1 版第 1 次印刷
184mm × 260mm · 10 印张 · 242 千字
标准书号：ISBN 978-7-111-51670-5
定价：26. 00 元

凡购本书，如有缺页、倒页、脱页，由本社发行部调换

电话服务
服务咨询热线：010-88379833
读者购书热线：010-88379649

网络服务
机 工 官 网：www. cmpbook. com
机 工 官 博：weibo. com/cmp1952
教育服务网：www. cmpedu. com
金　书　网：www. golden-book. com

哈尔滨职业技术学院焊接技术及自动化专业
教材编审委员会

编 写 说 明

教材是体现教学内容和教学要求的知识载体，是进行教学的基本工具，是提高教学质量的重要保证。为落实教育部《关于全面提高高等职业教育教学质量的若干意见》（教高［2006］16号）的精神，加强教材建设，确保高质量教材进课堂，针对高等职业院校焊接专业教学改革的需要，编写了本系列教材。本系列教材的编写结合高等职业教育的特点，以提高实际教学效果为出发点，突出职业技能的培养，突出职业素养的形成，突出就业能力的提升。

本系列教材的创新之处是以“国际焊接技师”培养为主线、以工作过程为导向，突出工学结合的特色，强调可读性和可操作性。专业教学改革采用项目引领的教学模式，依照IWS国际焊接技师工作内容要求，选择典型的焊接构件为载体设置工作任务，并按照工作过程的六个步骤（资讯、计划、决策、实施、检查和评价）组织情境教学，开发以工作过程为导向的核心课程。情境学习可在“教、学、做”一体化实训室中进行，老师既要指导学生完成工作任务，又要操作示范；每个工作任务均需“做中学、学中做”；每个工作任务的要求与企业产品生产要求相一致，学生以企业具体工作岗位的员工身份完成工作任务，并进行考核评价。

本系列教材具有以下特点：第一，注重在理论知识、素质、能力、技能等方面对学生进行全面培养，以培养国际焊接技师为目标；第二，注重吸取现有相关教材的优点，充实新知识、新工艺、新技术等内容，简化过多的理论介绍，开门见山介绍核心内容；第三，突出职业技术教育特色，理论联系实际，加强学生实践技能和综合应用能力的培养；第四，通过教学活动培养学生的工程意识、经济意识、管理意识和环保意识；第五，文字叙述精练，通俗易懂，总结归纳提纲挈领；第六，在编写过程中贯穿国际焊接技师培养所需的最新标准，注重时效性。

本系列教材在编写过程中得到了黑龙江省高职高专焊接专业教学指导委员会的大力支持，许多专家提出了宝贵的意见。机械工业哈尔滨焊接技术培训中心的培训教师及专家参与了本系列教材的编写工作，并提出许多合理的修改意见。编写过程中，我们还采纳了生产企业工程技术人员的建议，将新技术、新工艺添加到教材中，使教材更加贴近生产实际，更加实用。我们在此一并表示感谢。

本系列教材展示了本专业教改课程的开发成果，希望全国高职院校能够有所借鉴和启发，为更好地推进国家骨干高职院校建设及课程改革做出我们的贡献！

哈尔滨职业技术学院焊接技术及自动化专业教材编审委员会

前　言

目前，我国正处于产业转型升级的关键时期。传统的手工焊接已不能满足现代高技术产品制造的质量、数量要求，而现代焊接加工正在向着机械化、自动化的方向迅速发展。焊接自动化技术在实际工程中的应用快速发展，已经成为先进制造技术的重要组成部分。为了适应企业对焊接人才的需求，基于国家示范性骨干高职院校建设和“焊接自动化技术及应用”课程改革的需要，编者结合课程改革成果，在总结高职教育教学经验的基础上，融入了国家及行业标准、国际焊接技师标准，以“双元培养，国际认证”为培养目标，编写了这本具有鲜明高职教育特色的教材。

本书严格按照行业与职业要求编写，以工作过程为导向，以典型焊接自动化设备为载体，将自动化技术与焊接技术有机结合，真正体现培养焊接自动化专业人才的理念。

本书的特点如下：

1. 以工作过程为导向，采用任务驱动的模式

在编写模式上，本书按照一般工作过程创设学习情境，设置工作任务。融“教、学、做”为一体，每个工作任务都按照“资讯、计划、决策、实施、检查、评估”六步法编写，旨在使学生系统掌握焊接自动化生产所涉及的关键技术和操作要点，使学生成为能用理论知识指导实践、具备良好的职业道德、熟悉焊接自动化技术及应用的实用型技术人才。

2. 以典型焊接自动化设备为载体组织教学内容

本书以典型焊接自动化设备为载体，将专业知识的内容融入不同载体中，创设相应的学习情境；并按照焊接技术及自动化专业的职业岗位，设置典型的工作任务，内容更加贴近生产实际，具有鲜明的职业教育特色。

学习情境的内容如下：

学习情境 1　焊接加热控制系统的设计与调试。主要完成的工作任务为温度和压力控制系统的设计与调试。

学习情境 2　半自动焊接小车控制系统的设计与调试。主要完成的工作任务为电动机控制系统的设计与调试，绘制电气控制电路图。

学习情境 3　环缝自动焊接控制系统的设计与调试。主要完成的工作任务为基于可编程控制器的环缝自动焊接控制系统的方案设计与调试。

学习情境 4　弧焊机器人的操作与编程。主要完成的工作任务为手动操作弧焊机器人、典型焊缝的示教编程及弧焊机器人的离线编程。

3. 贯彻最新国家标准、行业标准和国际焊接技师标准

本书贯彻最新国家及行业标准、国际焊接技师标准，体现了焊接行业国内外的最新技术及发展，旨在培养职业教育的国际人才，提高学生获得国际焊接技师资质的比例。

4. 编写团队具有国际焊接工程师资质

本书编写团队学术水平较高，其中 5 位作者均具有国际焊接工程师资质且教学经验丰富，其中 2 人现为行业企业专家并熟悉实际的焊接生产。

5. 构建过程考核和多元评价体系

课程考核贯穿于所有工作任务，学生完成工作任务的每一步表现都计入考核范围，这样能综合反映学生的整体学习情况。评价以多元评价为主，采用教师评价、企业专家评价、学生互评和过程评价。

本书建议学时为60～70学时，具体学时分配可以参考每个工作任务的任务单。本课程应在“教、学、做一体化”实训基地中进行，实训基地中应具有教学区、实训区和资料区等，以满足学生自主学习和完成工作任务的需要。

本书的编写分工如下：哈尔滨职业技术学院王长文担任主编，哈尔滨职业技术学院冒心远、杨森森担任副主编，哈尔滨职业技术学院王滨滨和机械工业哈尔滨焊接技术培训中心何珊珊承担部分内容的编写工作。具体分工如下：任务2.2和任务3.1由王长文编写；任务1.1、任务1.2、任务4.1、任务4.2和任务4.3由冒心远编写；任务2.1由杨森森编写；任务3.2由王滨滨和何珊珊编写。全书由王长文负责统稿。机械工业哈尔滨焊接技术培训中心徐林刚和哈尔滨职业技术学院凌人蛟担任主审。

本书在编写过程中，与有关企业进行合作，得到了企业专家和专业技术人员的大力支持，机械工业哈尔滨焊接技术培训中心张岩、哈尔滨焊接研究所吴家林等提出了许多宝贵意见和建议，在此特向上述人员表示衷心的感谢。

由于编者水平所限，书中不妥之处在所难免，恳请广大读者提出宝贵意见，我们将及时调整和改进，并表示诚挚的感谢！

编　者

目　录

学习情境1

焊接加热控制系统的设计与调试

【工作目标】

通过本情境的学习，学生应具有以下的能力和水平：

1. 选择温度传感器、压力传感器的能力。
2. 设计温度、压力显示、分析报警及控制系统的能力。
3. 科学地分析问题、解决问题的能力。
4. 良好的表达能力和较强的沟通与团队合作能力。

【工作任务】

1. 进行温度传感器的选型。
2. 进行压力传感器的选型。
3. 温度显示、分析报警及控制。
4. 压力显示、分析报警及控制。

图 1-1 焊后热处理炉

【情境导入】

根据工件材料和性能的需求，焊后热处理涉及在普通气氛中进行热处理（见图 1-1）和在真空环境中进行热处理（见图 1-2）。

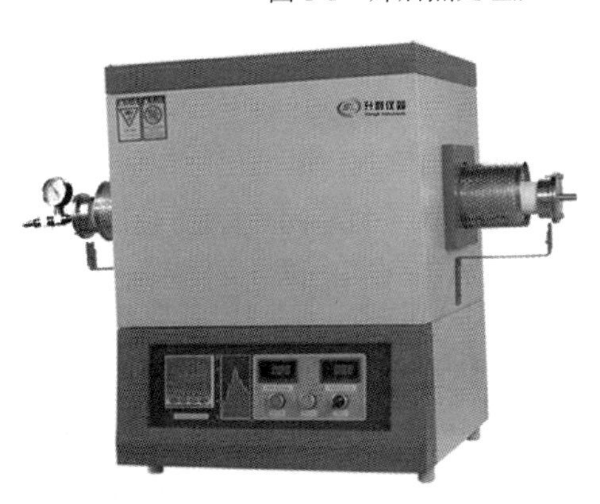

图 1-2 真空热处理炉

对于前者，主要需要控制温度，需要根据具体情况选择合适的温度传感器；对于后者，在控制温度的同时还需要控制真空度，因此除了选择合适的温度传感器还需要选择压力传感器。在本学习情境中，需要设计控制系统，通过读取传感器测试到的温度和压力数据，对数据进行分析，然后发出相应的控制指令。如果数据超出控制上限，还需要及时报警提示。

任务1.1 焊后热处理炉温控系统的设计与调试

任 务 单

<table>
<tr><td>学习领域</td><td colspan="5">焊接自动化技术及应用</td></tr>
<tr><td>学习情境1</td><td colspan="3">焊接加热控制系统的设计与调试</td><td>学时</td><td>16学时</td></tr>
<tr><td>任务1.1</td><td colspan="3">焊后热处理炉温控系统的设计与调试</td><td>学时</td><td>10学时</td></tr>
<tr><td colspan="6">布置任务</td></tr>
<tr><td>工作目标</td><td colspan="5">合理选择温度传感器，创建控制系统前面板，完成程序框图的构建，并成功调试、运行，最终实现温度的显示、分析报警及控制。</td></tr>
<tr><td>任务描述</td><td colspan="5">收集温度传感器、LabVIEW使用的相关信息，科学地分析焊后热处理炉温度控制系统的特点，合理选择温度传感器，在分析温度控制系统原理的基础上，利用LabVIEW虚拟仪器技术，创建控制系统前面板，完成程序框图的构建，并成功调试、运行，最终获得完整的LabVIEW项目文件，实现温度的显示、分析报警及控制。</td></tr>
<tr><td>任务分析</td><td colspan="5">各小组对任务进行分析、讨论，并根据收集的信息，了解控制系统实现的功能，掌握基本的控制原理；选择合适的温度传感器；利用LabVIEW软件进行虚拟控制系统的设计及调试。需要查找的内容有：
1. 温度传感器的种类、特点和应用。
2. VI子程序的建立和调用方法。
3. 循环结构的创建和应用。</td></tr>
<tr><td>学时安排</td><td>资讯
4学时</td><td>计划
2学时</td><td>决策
1学时</td><td>实施
2学时</td><td>检查评价
1学时</td></tr>
<tr><td>提供资料</td><td colspan="5">1. 胡绳荪．焊接自动化技术及其应用．北京：机械工业出版社，2007.
2. 王秀萍等．LabVIEW与NI-ELVIS实验教程．杭州：浙江大学出版社，2012.
3. 秦益霖，李晴．虚拟仪器应用技术项目教程．北京：中国铁道出版社，2010.
4. 李江全等．LabVIEW虚拟仪器从入门到测控应用130例．北京：电子工业出版社，2013.</td></tr>
<tr><td>对学生的要求</td><td colspan="5">1. 能对任务书进行分析，能正确理解和描述目标要求。
2. 具备独立思考、善于提问的学习习惯。
3. 具备查询资料的能力以及严谨求实和开拓创新的学习态度。
4. 具备良好的职业意识和社会能力。
5. 具备一定的观察理解和判断分析能力。
6. 具备团队协作、爱岗敬业的精神。</td></tr>
</table>

资 讯 单

<table>
<tr><td>学习领域</td><td colspan="3">焊接自动化技术及应用</td></tr>
<tr><td>学习情境 1</td><td>焊接加热控制系统的设计与调试</td><td>学时</td><td>16 学时</td></tr>
<tr><td>任务 1.1</td><td>焊后热处理炉温控系统的设计与调试</td><td>学时</td><td>10 学时</td></tr>
<tr><td>资讯方式</td><td colspan="3">实物、参考资料</td></tr>
<tr><td>资讯问题</td><td colspan="3">1. 如何创建和调用 VI 子程序？
2. 如何创建循环结构和设置属性？
3. 如何创建和设置指示灯控件？
4. 如何创建和设置数值输入控件？
5. 如何创建和设置数值显示控件？
6. 如何采用断点和探针调试程序？
7. 如何查找程序的语法错误？
8. 进行 VI 设计的主要步骤有哪些？</td></tr>
<tr><td>资讯引导</td><td colspan="3">问题 1 可参考《LabVIEW 与 NI-ELVIS 实验教程——入门与进阶》（王秀萍等）。
问题 2 可参考《虚拟仪器应用设计》（陈栋，崔秀华）。
问题 3、4、5 可参考《LabVIEW 虚拟仪器从入门到测控应用 130 例》（李江全等）。
问题 6、7、8 可参考《虚拟仪器应用技术项目教程》（秦益霖，李晴），或参考《LabVIEW 虚拟仪器从入门到测控应用 130 例》（李江全等）。</td></tr>
</table>

信　息　单

1.1.1　LabVIEW 应用程序的构成

所谓 LabVIEW 应用程序，即虚拟仪器（VI），它包括前面板和程序框图两部分。

如果将虚拟仪器与传统仪器相比较，那么虚拟仪器前面板上的各类控件就相当于传统仪器操作面板上的开关、显示装置等，而虚拟仪器程序框图上的元件相当于传统仪器内部的电器元件、电路等。虚拟仪器可以仿真传统标准仪器，它不但可以在界面上出现一个惟妙惟肖的标准仪器面板，而且其功能也与标准仪器相差无几，甚至更为出色。

1. 前面板

前面板就是图形化用户界面，用于设置输入数值和观察输出量，是人机交互的窗口。由于 VI 前面板是模拟真实仪器的前面板，因此输入量称为控制，输出量称为指示。

在前面板中，用户可以使用各种图标，如旋钮、按钮、开关、波形图、实时趋势图等，这样可使前面板的界面同真实的仪器面板一样。

前面板对象按照功能可以分为控制、指示和修饰三种。控制是用户设置和修改 VI 程序中输入量的接口；指示则用于显示 VI 程序产生或输出的数据。如果将一个 VI 程序比作一台仪器，那么控制就是仪器的数据输入端口和控制开关，而指示则是仪器的显示窗口，用于显示测量结果。

任何一个前面板对象都有控制和指示两种属性，在前面板对象上单击鼠标右键，从弹出的快捷菜单中选择“转换为显示控件”或“转换为输入控件”命令，即可在控制和指示两种属性之间切换。需要注意的是，如果用于输入的前面板对象被设置为指示，或用于输出的前面板对象被设置为控制，则 LabVIEW 会报错。

修饰仅用以将前面板点缀得更加美观，并不能作为 VI 的输入或输出来使用。在控制选板中专门有一个修饰子选板。当然，用户也可以直接将外部图片（BMP 或 JPEG 格式）粘贴到前面板中作为修饰。

2. 程序框图

每一个前面板都有一个程序框图与之对应。程序框图是用图形化编程语言编写的，可以把它理解成传统编程语言程序中的源代码。用图形来进行编程，而不是用传统的代码进行编程，这是 LabVIEW 最大的特色。

程序框图由节点、端口和连线组成。

（1）节点　节点是 VI 程序中的执行元素，类似于文本编程语言程序中的语句、函数或者子程序。节点之间由数据连线按照一定的逻辑关系相互连接，以定义程序框图内的数据流动方向。

LabVIEW 共有 4 种类型的节点，见表 1-1。

表 1-1　LabVIEW 节点类型

节点类型	节点功能
功能函数	LabVIEW 内置节点，提供基本的数据与对象操作，例如数值计算、文件 I/O 操作、字符串运算、布尔运算、比较运算等
结构	用于控制程序执行方式的节点，包括顺序结构、条件结构、循环结构及公式节点等
代码接口节点	LabVIEW 与 C 语言文本程序的接口。通过代码接口节点，用户可以直接调用 C 语言编写的源程序
子 VI	将以前创建的 VI 以 SubVI 的形式调用，相当于传统编程语言中子程序的调用。通过功能选板中的 Select VI 子选板可以创建一个 SubVI 节点

节点是 LabVIEW 作为 G 语言（图形化编程语言）的特色之一，是图形化的常量、变量、函数以及 VIs 和 Express VIs。

一般情况下，LabVIEW 中的每个节点至少有一个端口，用于向其他图标传递数据。

（2）端口　节点之间、节点与前面板对象之间通过数据端口和数据连线传递数据。

端口是数据在程序框图部分和前面板之间传输的通道接口，以及数据在程序框图的节点之间传输的接口。端口类似于文本编程语言程序中的参数和常数。

端口有两种类型：控制器/指示器端口和节点端口（即函数图标的连线端口）。控制器或指示器端口用于前面板，当程序运行时，从控制器输入的数据就通过控制器端口传送到程序框图。而当 VI 程序运行结束后，输出数据就通过指示器端口从程序框图送回到前面板的指示器。在前面板创建或删除控制器或指示器时，可以自动创建或删除相应的控制器/指示器端口。

（3）连线　连线是端口间的数据通道，类似于文本编程语言程序中的赋值语句。数据是单向流动的，从源端口向一个或多个目的端口流动。不同的线型代表不同的数据类型，每种数据类型还通过不同的颜色予以强调。

连线点是连线的线头部分。

当需要连接两个端点时，在第一个端点上单击连线工具（从工具选板调用），然后移动到另一个端点，再单击第二个端点。端点的先后次序不影响数据流动的方向。

当把连线工具放在端点上时，该端点区域将会闪烁，表示连线将会接通该端点。当把连线工具从一个端口接到另一个端口时，不需要按住鼠标。当需要连线转弯时，单击一次鼠标，即可以正交垂直的方向弯曲连线，按空格键可以改变转角的方向。

接线头用于保证端口的连线位置正确。当把连线工具放到端口上时，接线头就会弹出。接线头还有一个黄色小标识框，用以显示该端口的名字。

节点/连接端口可以让用户把 VI 变成一个对象（SubVI，即 VI 子程序），然后在其他 VI 中像子程序一样被调用。图标是 SubVI 的直观标识，当被其他 VI 调用时，图标代表 SubVI 中的所有程序框图。而连接端口表示该 SubVI 与调用它的 VI 之间进行数据交换的输入/输出端口，就像传统编程语言子程序的参数端口一样，它们对应着 SubVI 中前面板上的控制和指示。连接端口通常是隐藏在图标中的。图标和连接端口都是由用户在编制 VI 时根据实际需要创建的。

1.1.2　数据流驱动

由于程序框图中的数据是沿数据连线按照程序中的逻辑关系流动的，因此 LabVIEW 编程又称为“数据流编程”。“数据流”控制 LabVIEW 程序的运行方式。对一个节点而言，只有当它的输入端口上的数据都被提供以后，它才能够执行。当节点程序运行完毕以后，它会把结果数据送到其输出端口中。这些数据将很快地通过数据连线送至与之相连的目的端口。

“数据流”与常规编程语言中的“控制流”类似，相当于控制程序语句一步一步地执行。

两数相加前面板如图 1-3 所示。两数相加程序框图如图 1-4 所示，这个 VI 程序把控制 a 和 b 中的数值相加，然后再把相加之和乘以 100，并将结果送至指示 c 中显示。

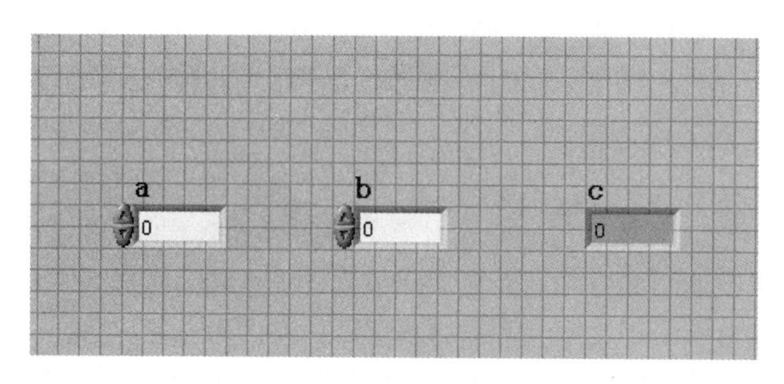

图 1-3　两数相加前面板

在这个程序中，程序框图从左向右执行，但这个执行顺序不是由其对象的摆放位置来确定的，这是因为相乘节点的一个输入量是相加节点的运算结果。只有当相加运算完成并把结果送到相乘运算节点的输入端口后，相乘节点才能执行下去。注意：一个节点只有当其输入端口的所有数据全都有效地到达后才能执行下去，而且只有当它执行完成后，它才把结果送到输出端口。

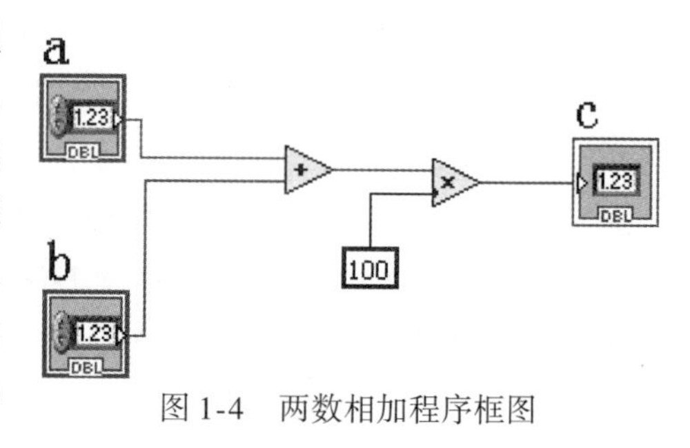

图 1-4　两数相加程序框图

1.1.3　前面板设计

LabVIEW 2013 所提供的专门用于前面板设计的控制量和显示量被分门别类地安排在控件选板中，当需要使用时，用户可以根据对象的类别从各个子选板中选取。前面板的对象按照其类型可以分为数值型、布尔型、字符串型、数组型、簇型、图形型等。

在用 LabVIEW 进行程序设计的过程中，对前面板的设计主要是编辑前面板控件和设置前面板控件的属性。为了更好地操作前面板的控件，设置其属性是非常必要的。

1. 前面板对象的属性

前面板对象有其各自的风格和属性。用户可以右击控件，然后在弹出的快捷菜单中对控件属性进行设置，如图 1-5 所示，可进行的操作包括是否显示标签、标题，查找对应的接线端，控制控件和显示控件的相互转换，创建局部变量、属性节点，替换为其他控件，设置数据类型和精度，设置默认值等。也可以在控件的属性对话框中进行全面的属性设置，如图 1-6 所示。

2. 选择、移动、复制、粘贴和删除对象

与其他常用软件一样，在 LabVIEW 中执行对象的选择、移动、复制、粘贴和删除等编辑操作十分简单快捷。单击一个未选择的对象或单击任意空白处，可以取消对当前对象的选择。

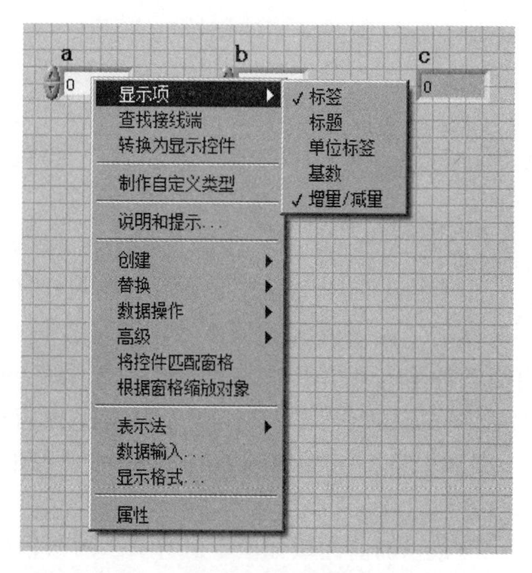

图 1-5　前面板控件右键快捷菜单

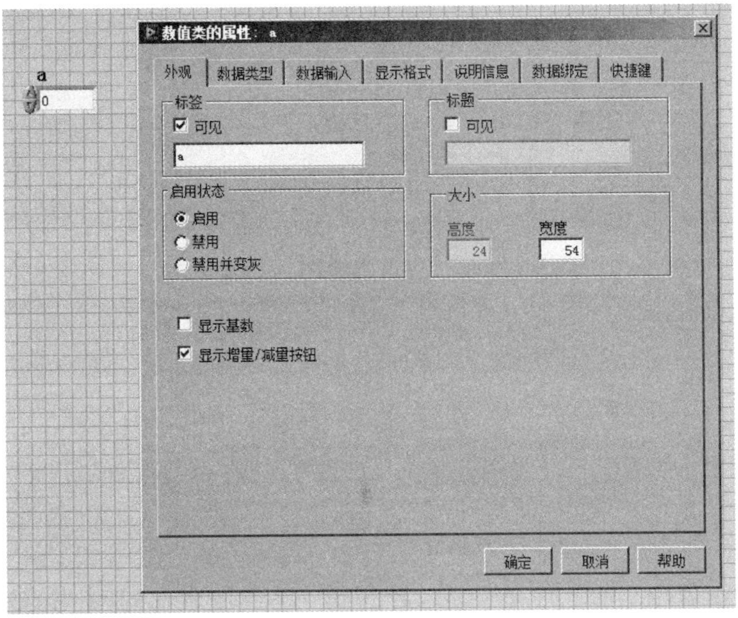

图 1-6　前面板控件属性对话框

3. 添加自由标签

用标签工具单击任意空白区域（如自动选择工具已启用，也可以双击任意空白区域），此时将出现一个小方框，其左端有一个文本游标，供输入文本（按键盘上的〈Enter〉键，可添加新行）。输入任何希望出现在自由标签中的文本后，单击标签之外的任意位置，结束编辑操作。

4. 字体设置

选择需要设置字体的标签或自由标签，打开工具栏上的“应用程序字体”下拉菜单，可以分别对字体的样式、格式、大小、对齐方式和颜色等进行设置，如图 1-7 所示。也可以选择“字体对话框”命令后，在弹出的“前面板默认字体”对话框中进行设置，如图 1-8 所示。

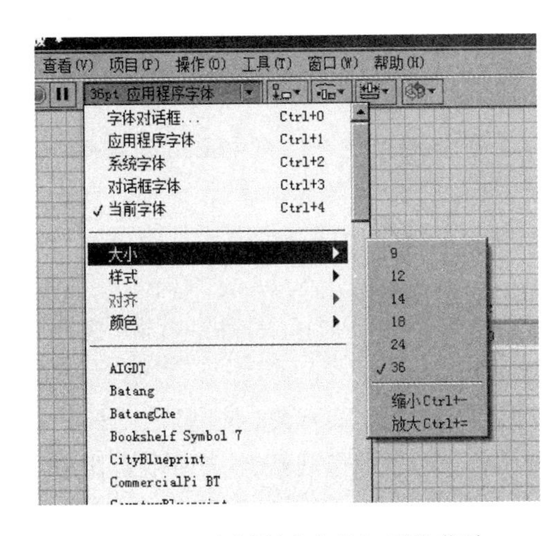

图 1-7　“应用程序字体”下拉菜单

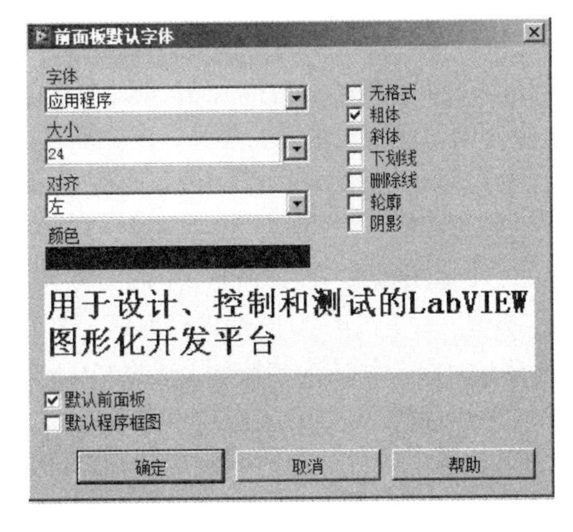

图 1-8　“前面板默认字体”对话框

1.1.4 子 VI

子 VI 相当于文本编程语言中的子程序。

在使用 LabVIEW 编程时，同其他编程语言一样，尽量采用模块化编程思想。子 VI 是层次化和模块化编程的关键组件，它可以使程序框图的结构更加简洁、易于理解。子 VI 的节点类似于文本编程语言中的子程序调用。子 VI 的控件和函数从调用该 VI 的程序框图中接收数据，并将数据返回至该程序框图。在任意一个 VI 程序的框图窗口里，都可以把其他 VI 程序作为子程序调用，只要被调用的 VI 程序定义了图标和连线板（连接端口）即可。

1. 主 VI 调用子 VI

若一个 A. vi 在另一个 B. vi 中使用，则称 A. vi 为 B. vi 的子 VI，B. vi 为 A. vi 的主 VI。在主 VI 的程序框图中双击子 VI 的图标时，将出现该子 VI 的前面板和程序框图。在前面板窗口和程序框图窗口的右上角可以看到该子 VI 的图标。该图标与将 VI 放置在程序框图中时所显示的图标相同。

通过单击函数选板上的“选择 VI”按钮，找到需要作为子 VI 使用的 VI，双击该 VI，即可将其放置在主 VI 的程序框图中。也可以在一个 VI 的程序框图中放置另一个已打开的 VI，单击 VI 前面板或程序框图右上角的图标，即可将其拖到另一个 VI 的程序框图中。

2. VI 的图标和连线板

每个 VI 都有一个图标位于前面板和程序框图窗口的右上角。LabVIEW 中的默认图标为。图标是 VI 的图形化表示，包含文字、图形或图文组合。如果将一个 VI 当作子 VI 使用，程序框图上将显示代表该子 VI 的图标。简单明了的图标有助于用户识别该 VI 的功能，也可以使程序框图更为美观。可以自己定制图标，但这个操作并不是必须进行的，使用 LabVIEW 默认的图标不会影响 VI 的功能。

（1）定制 VI 的图标　默认图标包含一个数字，表示从运行 LabVIEW 后已经打开的新 VI 的个数。右击前面板窗口或程序框图窗口右上角的图标，从弹出的快捷菜单中选择“编辑图标”命令，或双击前面板窗口右上角的图标，将默认图标替换为创建的自定义图标。也可以从计算机桌面的任何地方拖动一个图片放置在前面板窗口或程序框图窗口的右上角。LabVIEW 会将图形转换为 32 ×32 像素的图标。

根据用户使用显示器的类型，可以将图标设计为独立的单色、16 色和 256 色模式。

（2）图标编辑器　选择“编辑图标”命令后，即可打开“图标编辑器”对话框。对话框左边的工具用于在编辑区域中创建图标图案。在编辑区域右边的三个图形框中可以看到标准尺寸，也就是显示在程序框图中的图标大小。

“编辑”菜单用于对图标进行剪切、复制和粘贴操作。如果选择图标的一部分执行粘贴操作，LabVIEW 会根据所选择区域的大小调整图像的尺寸。

“图标编辑器”对话框右边的“复制于”选项用于将彩色图标复制成黑白图标。选择“复制于”选项后，单击“确定”按钮，即可改变图标。“显示接线端”选项用于显示连线板的接线端模式。

（3）连线板　若一个 VI 作为子 VI 使用，则该 VI 需要创建连线板。连线板用于显示 VI

中所有输入控件和显示控件的接线端，类似于文本编程语言中调用函数时使用的参数列表。连线板标明了可与该VI连接的输入和输出端，以便将该VI作为子VI调用。连线板在其输入端接收数据，并将运算结果传输至输出端。

1）连线板模式。右击前面板窗口右上角的▦图标，从弹出的快捷菜单中可以做相应的选择。

第一次打开某个VI的连线板时，可看到默认的连线板模式。右击连线板，从弹出的快捷菜单中选择“模式”命令，可以为VI选择不同的连线板模式，如图1-9所示。

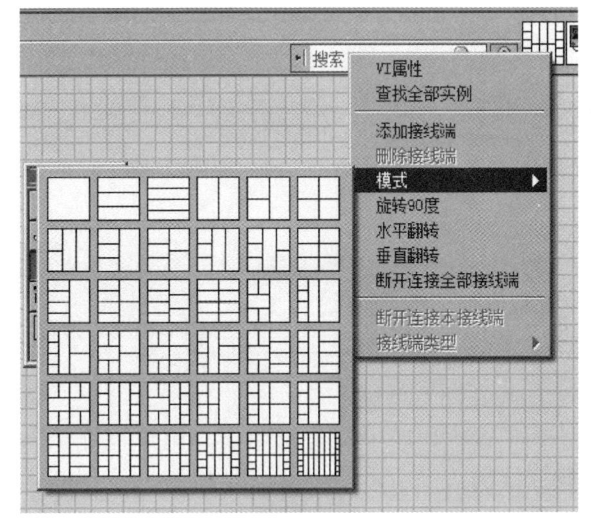

图1-9 连线板的右键快捷菜单

连线板上的每个窗格代表一个接线端。窗格用于进行输入/输出分配。对于VI前面板上的每一个输入控件或显示控件，连线板上一般都有一个相对应的接线端。可以保留多余的接线端，当需要为VI添加新的输入或输出端时再进行连接，这种灵活性可以减少连线板窗口的改变对VI的层次结构的影响。连线板中最多可设置28个接线端。

2）为连线板分配输入/输出控件。将鼠标指针移至接线板，即会以线轴的形式显示，单击连线板的一个接线端（窗格），再单击需要分配给接线端的前面板输入控件或输出控件，就可将控件指定到接线端。接线端的颜色变为该控件数据类型的颜色时，表明该接线端已经完成连接。为了增加VI连线板模式的可读性和易用性，把控件连接到连线板时，将输入放置在左边，输出放置在右边。

1.1.5 VI的运行和调试技术

LabVIEW 2013提供了强大的容错机制和调试手段，如设置断点调试和设置探针，这些手段可以辅助用户进行程序的调试，发现并改正错误。

1. 找出语法错误

LabVIEW程序必须在没有基本语法错误的情况下才能运行，还能自动识别程序中存在的基本语法错误。如果一个VI程序存在语法错误，则面板工具条上的运行按钮将会变成一个折断的箭头，表示程序存在错误，不能被执行。单击该按钮，会打开“错误列表”窗口，如图1-10所示。

单击错误列表中的某一错误项，该窗口中会显示有关此错误的详细信息，可帮助用户更改错误。若选中“显示警告”复选框，则可以显示程序中的所有警告。

当用户使用LabVIEW 2013的错误列表功能时，有一个非常重要的技巧，就是当用户双击错误列表中的某一错误项时，LabVIEW会自动定位到发生该错误的对象上，并高亮显示该对象，如图1-11所示，这样可便于用户查找并更正错误。

图 1-10 “错误列表”窗口

2. 设置断点调试

为了查找程序中的逻辑错误，用户也许希望程序框图一个节点一个节点地执行。使用断点工具可以在程序的某一点暂时中止程序执行，用单步方式查看数据。当用户不清楚程序中哪里出现错误时，设置断点是一种排除错误的手段。在 LabVIEW 中，从“工具”选项板选取断点工具，如图 1-12 所示。在想要设置断点的位置单击鼠标，便可以在该位置设置一个断点。另外一种设置断点的方法是在需要设置断点的位置单击鼠标右键，从弹出的快捷菜单中选择“设置断点”命令，即可在该位置设置一个断点。如果想要清除设定的断点，只要在设置断点的位置单击鼠标即可。

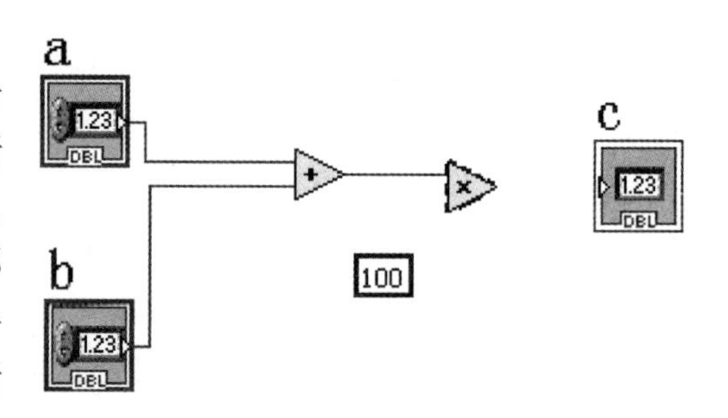

图 1-11 高亮显示程序中的错误

设置断点后的程序框图（程序后面板）如图 1-13 所示。断点对于节点或者图框显示为红框，对于连线显示为红点。

图 1-12 选取断点工具

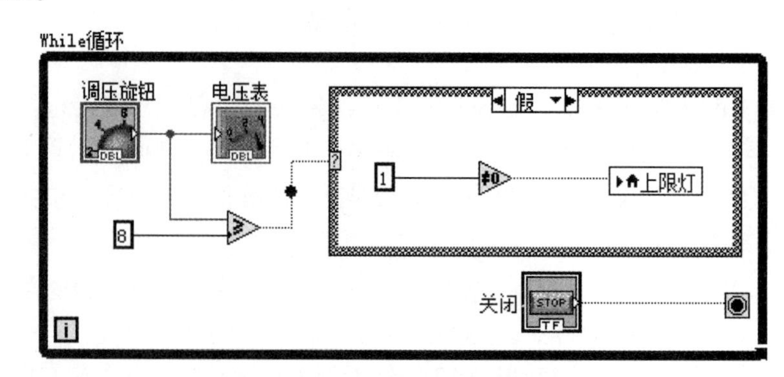

图 1-13 设置断点后的程序后面板

若此时运行程序，会发现程序每当运行到断点位置时会停下来，并高亮显示数据流到达的位置，这样每个循环程序会停下来两次，用户可以在这个时候查看程序的运算是否正常、数据显示是否正确。程序停止在断点位置时的后面板如图 1-14 所示，从图中可以看出，程序停止在断点位置，并高亮显示数据流到达的位置。按下“单步执行”按钮，闪烁的节点被执行，下一个将要执行的节点变为闪烁，指示它将被执行。用户也可以单击“暂停”按钮，这样程序将连续执行直到下一个断点。当检查程序无误后，用户可以在断点上单击鼠标以清除断点。

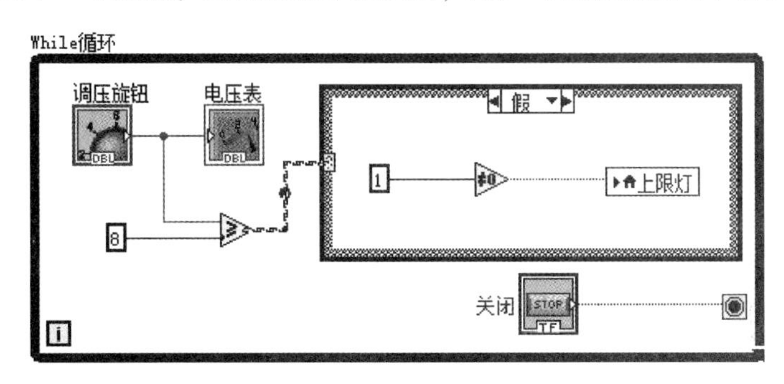

图 1-14　程序停止在断点位置时的后面板

3. 设置探针

在有些情况下，仅仅依靠设置断点还不能满足调试程序的需要，探针便是一种很好的辅助手段。探针犹如一根神奇的“针”，可以在任何时刻查看任何一条连线上的数据，能够随时侦测数据流中的数据。

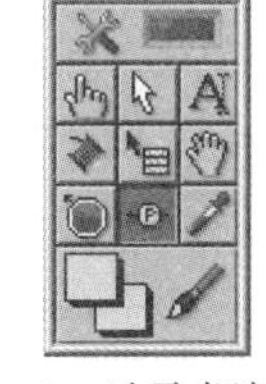

图 1-15　选取探针工具

在 LabVIEW 中，设置探针的方法是选取“工具”选项板中的探针工具，如图 1-15 所示，再单击后面板中程序的连线，这样可以在该连线上设置探针以侦测这条连线上的数据，同时在程序连线上将浮动显示探针数据窗口。要想取消探针，只需关闭浮动的探针数据窗口即可。

设置探针后的程序后面板如图 1-16 所示。运行程序，在探针数据窗口中将显示出设置探针处的数据。

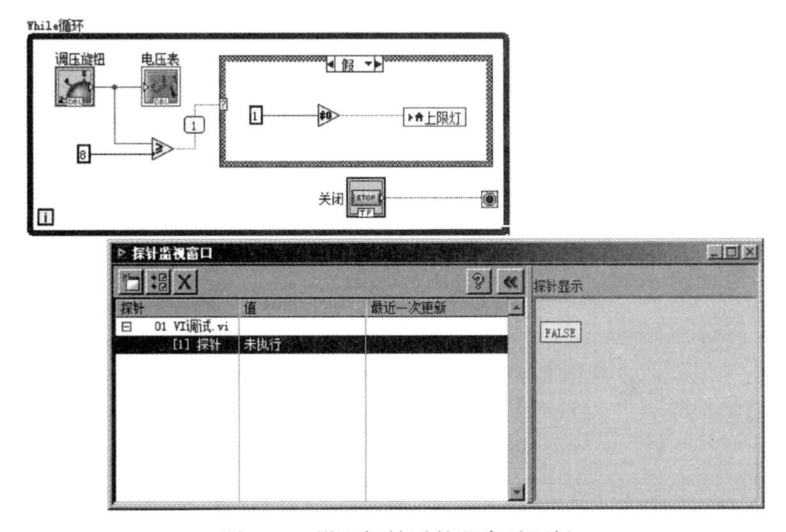

图 1-16　设置探针后的程序后面板

通过利用探针可以检测数据的功能，用户可以了解程序运行过程中任何位置上的数据，即可知道数据流在空间的分布。利用上面介绍的断点，可以将程序中止在任意位置，即可知道数据在任何时间的分布。那么综合使用探针和断点，用户就可以知道程序在任何空间和时间的数据分布了。这一点对 LabVIEW 程序的调试非常重要。

4. 高亮显示程序的运行

有时用户希望在程序运行过程中，能够实时显示程序的运行流程以及数据流流过数据节点时的数值，LabVIEW 2013 为用户提供了这一功能，即以“高亮显示”方式运行程序。

单击 LabVIEW 工具栏上的高亮显示程序运行按钮，程序将会以高亮显示方式运行。这时该按钮变为，如同一盏被点亮的灯泡。

程序以高亮显示方式运行时，程序框图如图 1-17 所示。在这种方式下，VI 程序以较慢的速度运行，没有被执行的代码呈灰色显示，执行后的代码呈高亮显示，并显示数据流线上的数据值。这样，用户就可以根据数据的流动状态跟踪程序的执行。用户可以很清楚地看到程序中数据流的流向，并且可以实时地了解每个数据节点的数值。

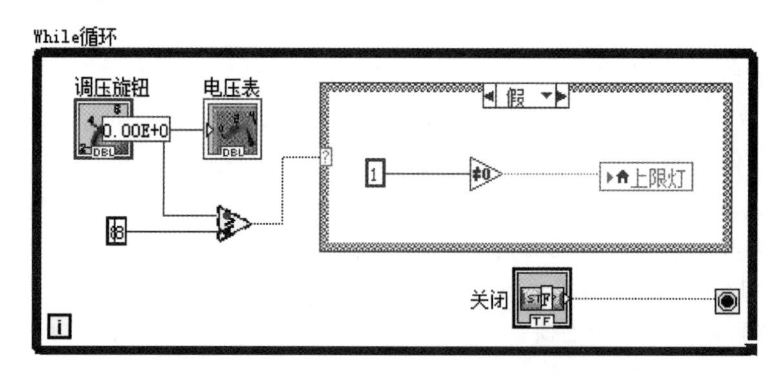

图 1-17　以“高亮显示”方式运行程序

在多数情况下，用户需要结合多种方式调试 LabVIEW 程序，例如，用户可以在设置探针的情况下，高亮显示程序的运行，并且单步执行程序。这样程序的执行细节将会一览无余。

5. 单步执行和循环运行

单步执行和循环运行是 LabVIEW 支持的两种程序运行方式，与正常运行方式不同的是，这两种运行方式主要用于程序的调试和纠错。它们是除了设置断点和探针两种方法外的另一种行之有效的程序调试和纠错机制。

在单步执行方式下，用户可以看到程序执行的每一个细节。单步执行可通过工具栏上的按钮“单步入”、“单步跳”和“单步出”完成。这三个按钮表示三种不同类型的单步执行方式。单击按钮“单步入”，即意味着单步进入程序流程，并在下一个数据节点前停下来。单击按钮“单步跳”，即意味着单步进入程序流程，并在下一个数据节点执行后停下来。单击按钮“单步出”，意味着停止单步执行方式，即在执行完当前节点的内容后立即暂停。

1.1.6 循环结构

任何计算机编程语言都离不开程序结构，LabVIEW 的程序结构是传统文本编程语言中的顺序、循环和选择结构的图形化表示。使用程序框图中的结构可对代码块进行重复操作，根据条件或特定顺序执行代码。与其他节点类似，结构也具有可与其他程序框图节点进行连接的接线端。输入数据存在时结构会自动执行，执行结束后将数据提供给输出线路。

每种结构都含有一个可调整大小的清晰边框，用于包围根据结构规则执行的程序框图部分（类似于 C 语言中的括号 {}）。结构边框中的程序框图部分被称为子程序框图。从结构外部接收数据和将数据输出结构的接线端称为隧道。隧道是结构边框上的连接点。

LabVIEW 提供了如下程序结构，使用它们可以方便、快捷地实现复杂的程序功能。

1）While 循环结构。

2）For 循环结构。

3）Case 选择结构。

4）平铺顺序结构。

5）层叠顺序结构。

……

在本任务中，我们将会用到 While 循环结构的简单功能，其余的结构将在后续项目任务中继续介绍。

1. While 循环结构

（1）建立和组成　While 循环控制程序反复执行一段代码，直到某个条件发生。当循环的次数不定时，就需用到 While 循环。

While 循环可从函数选板中的结构子选板创建。最基本的 While 循环结构由循环框架、计数端口（循环执行次数）及条件端口组成，如图 1-18 所示。

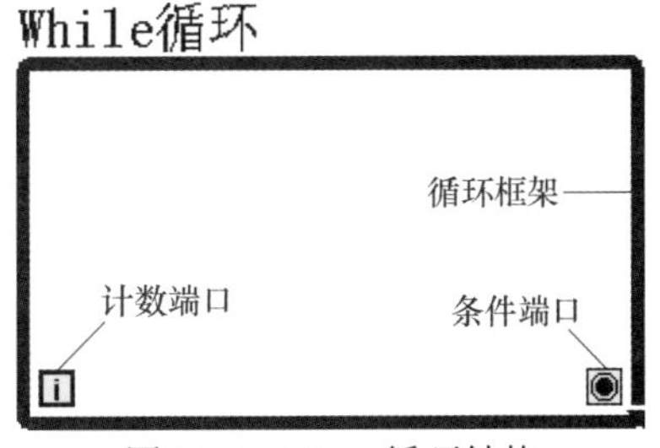

图 1-18　While 循环结构

与 For 循环类似，While 循环执行的是包含在其循环框架中的程序模块，但执行的循环次数却不固定，只有当满足给定的条件时才停止循环的执行。

计数端口是一个输出端口，它输出当前循环执行的次数，循环计数是从 0 开始的。计数端口相当于 C 语言 For 循环中的 I，初始值为 0，每次循环的递增步长为 1。注意：计数端口的初始值和步长在 LabVIEW 中是固定不变的，若要用到不同的初始值或步长，可对计数端口产生的数据进行一定的数据运算，也可用移位寄存器来实现。

条件端口的功能是控制循环是否执行。每次循环结束时，条件端口便会检测通过数据连线输入的布尔值。条件端口是一个布尔量，条件端口的默认值是“假”。如果条件端口值是“真”，那么执行下一次循环，直到条件端口的值为假时循环才结束。

请注意：若在编程时不给条件端口赋值，则 While 循环只执行一次。输入端口程序在每一次循环结束时才检查条件端口，因此 While 循环总是至少执行一次。用鼠标在 While 循环框架的一角拖动，可改变循环框架的大小。While 循环也有框架通道和传递寄存器，其用法与 For 循环完全相同。

（2）While 循环的编程要点　由于循环结构在进入循环后将不再理会循环框架外部数据的变化，因此产生循环终止条件的数据源（如停止按钮）一定要放在循环框架内，否则会造成死循环。

While 循环的自动索引、循环时间控制方法及使用移位寄存器等功能与 For 循环是非常相似的。但是在使用数组自动索引功能时应该注意，While 循环的循环次数不是事先确定的，在对进入循环的数组进行索引时，如果数组成员已经索引结束，则 LabVIEW 会自动在后面追加默认值。例如，一个数值型数组有 10 个成员，那么从第 11 次循环开始，从数组通道进入循环的数值就是 0；假如数组是布尔型的，追加的默认值就是“假”等。While 循环使用自动索引时，输出数组的长度一般在事前也是未知的。

（3）While 循环的特点　与 For 循环类似，LabVIEW 中的 While 循环与其他编程语言相比也独具特色。While 循环是由条件端口来控制的。如果连接到条件端口上的是一个布尔量，其值为“真”，在程序运行时该值是固定不变的，则此 While 循环将永远运行下去。若编程时出现逻辑错误，将导致 While 循环出现死循环。

用户在编程时要尽量避免出现死循环。通常的做法是，编程时在前面板上临时添加一个布尔按钮，与逻辑控制条件相连后再连至条件端口。这样，程序运行时一旦出现逻辑错误而导致死循环时，可通过这个布尔按钮来强行终止程序的运行。等完成所有程序开发，经检验程序运行无误后，再将这个布尔按钮去掉。当然，出现死循环时，通过窗口工具条上的停止按钮也可以强行终止程序的运行。

2. For 循环结构

（1）建立与组成　For 循环就是使其边框内的代码（即子框图程序）重复执行，执行到总数端口预先确定的次数后跳出循环。

For 循环是 LabVIEW 最基本的结构之一，它执行指定次数的循环。LabVIEW 中的 For 循环可从框图函数选板的结构子选板中创建。最基本的 For 循环结构由循环框架、计数端口和总数端口组成，如图 1-19 所示。

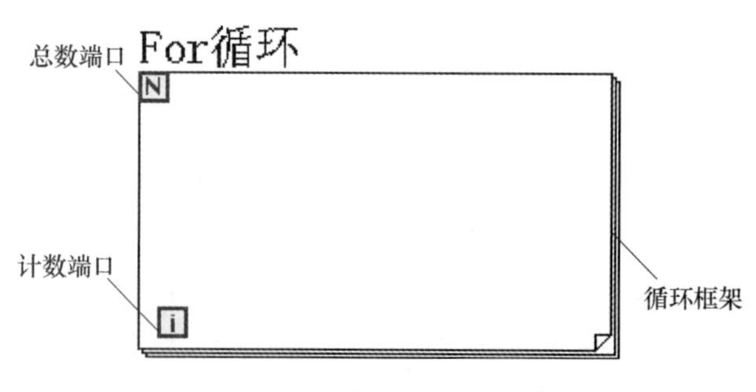

图 1-19　For 循环结构

For 循环执行的是包含在循环框架内的程序节点。

计数端口相当于 C 语言 For 循环中的 i，初始值为 0，每次循环的递增步长为 1。注意：计数端口的初始值和步长在 LabVIEW 中是固定不变的，若要用到不同的初始值或步长，可对计数端口产生的数据进行一定的数据运算，也可用移位寄存器来实现。总数端口相当于 C 语言 For 循环中的循环次数 N，在程序运行前必须赋值。通常情况下，该值为整型数据，若将其他数据类型连接到该端口上，For 循环会自动将其转换为整型数据。

(2) 移位寄存器　为实现 For 循环的各种功能，LabVIEW 在 For 循环中引入了移位寄存器和框架通道两个独具特色的新概念。移位寄存器的功能是将第 i-1，i-2，i-3，…次循环的计算结果保存在 For 循环的缓冲区内，并在第 i 次循环时将这些数据从循环框架左侧的移位寄存器中迭出，供循环框架内的节点使用。

选中循环框架，单击鼠标右键，在弹出的快捷菜单中选择“添加移位寄存器”命令，即可创建一个移位寄存器，如图 1-20 所示。

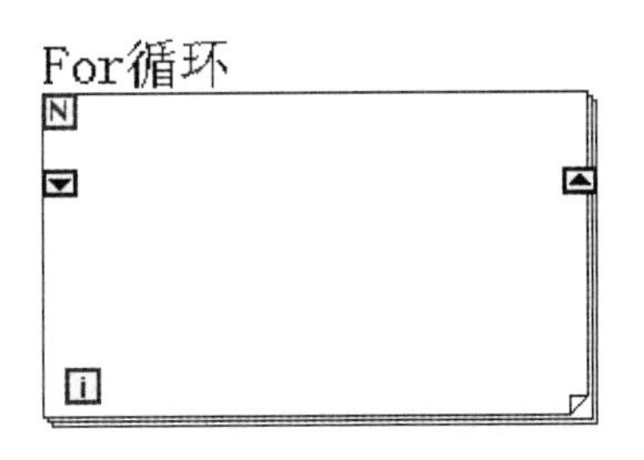

图 1-20　For 循环结构添加移位寄存器

(3) For 循环的时间控制　在循环条件满足的情况下，循环结构会以最快的速度执行循环框架内的程序，即一次循环结束后将立即开始执行下一次循环。可以通过函数选板的定时函数子选板中的“时间延迟函数”或等待下一个“整数倍毫秒函数”来控制循环的执行速度。

1) 使用时间延迟函数。将时间延迟图标放入循环框架内，同时出现其属性对话框，在对话框中设置循环延迟时间。一旦程序执行到此函数，就会等待到设置的延长时间，然后执行下一次循环。

2) 使用等待下一个整数倍毫秒函数。其延迟时间设置可用数值常数直接赋值或通过在右键快捷菜单中选择“创建常量”命令来设置，以 ms（毫秒）为单位。

(4) For 循环的特点　与其他编程语言相比，LabVIEW 中的 For 循环除具有一般 For 循环所共有的特点之外，还具有一些一般 For 循环所没有的特点。LabVIEW 没有类似于其他编程语言中的转移语句，故编程者不能随心所欲地将程序从一个正在执行的 For 循环中跳转出去。也就是说，一旦确定了 For 循环执行的次数，当 For 循环开始执行后，就必须在执行完相应次数的循环后才能终止。若在编程时确实需要跳出循环，可用 While 循环来替代。

1.1.7　常用的温度传感器

1. 热电偶

热电偶是目前温度测量中应用最普遍的传感元件之一。它具有结构简单、制造方便、测量范围宽、准确度高、热惯性小，输出信号为电信号，便于远传或信号转换等优点。另外，由于热电偶是一种有源传感器，测量时不需外加电源，使用方便，因此常用来测量炉子、管道内的气体或液体的温度，以及固体表面的温度。国际上热电偶分为八个不同的分度，分别为 B、R、S、K、N、E、J 和 T，测量温度最低可为 -270℃，最高可达 1800℃。实际使用热电偶时，一般需要用到补偿导线。

2. 热电阻

热电阻是利用导体的电阻随温度升高而增大这一特性来测量温度的，是中低温区常用的检测器。它的主要特点是测量精度高、性能稳定、互换性及准确性都比较好，但是需要电源激励，不能够瞬时测量温度的变化。工业用热电阻一般采用 Pt100、Pt10、Cu50、Cu100。铂热电阻的测温范围一般为 -200～800℃，铜热电阻的测温范围为 -40～140℃。热电阻测温一般选用三线制电桥电路，不需要补偿导线，而且比热电偶便宜。

3. 热敏电阻

热敏电阻是一种由半导体制成的敏感元件，其特点是电阻率随温度的变化而显著变化，其电阻温度系数要比金属的大 10 ~ 100 倍以上。热敏电阻的工作温度范围宽，常温器件适用于 -55 ~ 315℃；体积小，使用方便，易加工成复杂的形状，稳定性好。在应用方面，它不仅可以作为测量元件（如测量温度、流量、液位等），还可以作为控制元件（如热敏开关、限流器）和电路补偿元件。热敏电阻有正温度系数（PTC）热敏电阻、负温度系数（NTC）热敏电阻以及临界温度热敏电阻（CTR）三种类型。

4. 集成温度传感器

集成温度传感器利用 PN 结的电流、电压特性与温度的关系测温，把热敏晶体管和外围电路、放大器、偏置电路及线性电路制作在同一芯片上。集成温度传感器分为模拟式温度传感器、逻辑输出型温度传感器和数字温度传感器。

与传统模拟温度传感器相比，集成温度传感器具有灵敏度高、线性度好、响应速度快等优点，而且它还将驱动电路、信号处理电路以及必要的逻辑控制电路集成在单片 IC 上，具有实际尺寸小、使用方便等优点。

在很多情况下，并不需要严格测量温度值，而只是关心温度是否超过了一个设定范围，一旦温度超出所规定的范围，则发出报警信号，进而启动或关闭吸纳供应的加热设备，此时可选用集成逻辑输出型温度传感器。

数字温度传感器提供了数字式接口，可以直接与微处理器进行数据传送。

下面介绍两种常用的模拟式集成温度传感器。

（1）AD590 温度传感器　AD590 是美国模拟器件公司生产的一种电流输出型集成温度传感器，其供电电压范围为4 ~ 30V，输出电流为 223μA（ -50℃）~ 423μA（ +150℃），灵敏度为 1μA/℃。当在电路中串接采样电阻 R 时，R 两端的电压可作为输出电压。注意：R 的阻值不能取得太大，以保证 AD590 两端电压不低于 4V。AD590 输出电流信号的传输距离可达到 1km 以上。AD590 可用于测量热力学温度、摄氏温度、两点温度差、多点最低温度、多点平均温度的具体电路，并广泛应用于不同的温度控制场合。由于 AD590 精度高、价格低、不需辅助电源、线性好，常用于测量温度和热电偶的冷端补偿。

（2）LM35 温度传感器　LM35 是美国国家半导体公司（NS）生产的一种电压输出型集成温度传感器，电路接口简单、方便，可单电源、正负电源工作，具有工作稳定可靠、体积小、灵敏度高、响应时间短、抗干扰能力强等特点。该器件灵敏度为 10mV/K，具有小于 1Ω 的动态阻抗，温度范围为 -55 ~ 150℃。该器件广泛应用于温度测量、温差测量以及温度补偿系统中。

1.1.8　温度控制原理

当采用负温度系数的热敏电阻与常值电阻组成的分压电路进行温度的测量时，利用数据采集卡的输出通道 DAC0 对分压电路提供精确的 5V 电源，当温度改变时，热敏电阻的阻值发生变化，从而使得两端的电压发生变化。通过数据采集卡的 ACH1 通道、差分输入，对热敏电阻两端的电压进行采集分析，从而测得当前温度。

计　划　单

<table>
<tr><td>学习领域</td><td colspan="4">焊接自动化技术及应用</td></tr>
<tr><td>学习情境 1</td><td colspan="2">焊接加热控制系统的设计与调试</td><td>学时</td><td>16 学时</td></tr>
<tr><td>任务 1.1</td><td colspan="2">焊后热处理炉温控系统的设计与调试</td><td>学时</td><td>10 学时</td></tr>
<tr><td>计划方式</td><td colspan="4">小组讨论</td></tr>
<tr><td>序号</td><td colspan="2">实施步骤</td><td colspan="2">使用资源</td></tr>
<tr><td></td><td colspan="2"></td><td colspan="2"></td></tr>
<tr><td></td><td colspan="2"></td><td colspan="2"></td></tr>
<tr><td></td><td colspan="2"></td><td colspan="2"></td></tr>
<tr><td></td><td colspan="2"></td><td colspan="2"></td></tr>
<tr><td></td><td colspan="2"></td><td colspan="2"></td></tr>
<tr><td></td><td colspan="2"></td><td colspan="2"></td></tr>
<tr><td></td><td colspan="2"></td><td colspan="2"></td></tr>
<tr><td></td><td colspan="2"></td><td colspan="2"></td></tr>
<tr><td>制订计划说明</td><td colspan="4"></td></tr>
<tr><td>计划评价</td><td colspan="4">评语：</td></tr>
<tr><td>班级</td><td></td><td>第　　组</td><td>组长签字</td><td></td></tr>
<tr><td>教师签字</td><td colspan="2"></td><td>日期</td><td></td></tr>
</table>

决 策 单

<table>
<tr><td>学习领域</td><td colspan="7">焊接自动化技术及应用</td></tr>
<tr><td>学习情境1</td><td colspan="5">焊接加热控制系统的设计与调试</td><td>学时</td><td>16学时</td></tr>
<tr><td>任务1.1</td><td colspan="5">焊后热处理炉温控系统的设计与调试</td><td>学时</td><td>10学时</td></tr>
<tr><td colspan="6">方案讨论</td><td>组号</td><td></td></tr>
<tr><td rowspan="16">方案决策</td><td>组别</td><td>步骤
顺序性</td><td>步骤
合理性</td><td>实施可
操作性</td><td>选用工具
合理性</td><td colspan="2">方案综合评价</td></tr>
<tr><td>1</td><td></td><td></td><td></td><td></td><td colspan="2"></td></tr>
<tr><td>2</td><td></td><td></td><td></td><td></td><td colspan="2"></td></tr>
<tr><td>3</td><td></td><td></td><td></td><td></td><td colspan="2"></td></tr>
<tr><td>4</td><td></td><td></td><td></td><td></td><td colspan="2"></td></tr>
<tr><td>5</td><td></td><td></td><td></td><td></td><td colspan="2"></td></tr>
<tr><td>1</td><td></td><td></td><td></td><td></td><td colspan="2"></td></tr>
<tr><td>2</td><td></td><td></td><td></td><td></td><td colspan="2"></td></tr>
<tr><td>3</td><td></td><td></td><td></td><td></td><td colspan="2"></td></tr>
<tr><td>4</td><td></td><td></td><td></td><td></td><td colspan="2"></td></tr>
<tr><td>5</td><td></td><td></td><td></td><td></td><td colspan="2"></td></tr>
<tr><td>1</td><td></td><td></td><td></td><td></td><td colspan="2"></td></tr>
<tr><td>2</td><td></td><td></td><td></td><td></td><td colspan="2"></td></tr>
<tr><td>3</td><td></td><td></td><td></td><td></td><td colspan="2"></td></tr>
<tr><td>4</td><td></td><td></td><td></td><td></td><td colspan="2"></td></tr>
<tr><td>5</td><td></td><td></td><td></td><td></td><td colspan="2"></td></tr>
<tr><td>方案评价</td><td colspan="7">评语：</td></tr>
<tr><td>班级</td><td></td><td>组长签字</td><td></td><td>教师签字</td><td></td><td colspan="2">月 日</td></tr>
</table>

作　业　单

<table>
<tr><td>学习领域</td><td colspan="3">焊接自动化技术及应用</td></tr>
<tr><td>学习情境 1</td><td>焊接加热控制系统的设计与调试</td><td>学时</td><td>16 学时</td></tr>
<tr><td>任务 1.1</td><td>焊后热处理炉温控系统的设计与调试</td><td>学时</td><td>10 学时</td></tr>
<tr><td>作业方式</td><td colspan="3">小组分析、个人解答、现场批阅、集体评判</td></tr>
<tr><td>1</td><td colspan="3">温度传感器选型的依据是什么？</td></tr>
<tr><td colspan="4"></td></tr>
<tr><td>2</td><td colspan="3">简述焊后热处理炉温度控制系统的设计方案。</td></tr>
<tr><td colspan="4"></td></tr>
</table>

作业评价：

班级		组号		组长签字	
学号		姓名		教师签字	
教师评分		日期			

检　查　单

学习领域	焊接自动化技术及应用			
学习情境 1	焊接加热控制系统的设计与调试		学时	16 学时
任务 1.1	焊后热处理炉温控系统的设计与调试		学时	10 学时
序号	检查项目	检查标准	学生自查	教师检查
1	任务书阅读与分析能力，正确理解及描述目标要求	准确理解任务要求		
2	与同组同学协商，确定人员分工	较强的团队协作能力		
3	查阅资料能力	较强的资料检索能力		
4	资料的阅读、分析和归纳能力	较强的分析报告撰写能力		
5	温控系统的设计与调试	正确设计程序并实现温度控制		
6	安全操作	符合“5S”要求		
7	故障的分析诊断能力	故障处理得当		
检查评价	评语：			
班级		组号		组长签字
教师签字			日期	

评 价 单

<table>
<tr><td>学习领域</td><td colspan="6">焊接自动化技术及应用</td></tr>
<tr><td>学习情境 1</td><td colspan="4">焊接加热控制系统的设计与调试</td><td>学时</td><td>16 学时</td></tr>
<tr><td>任务 1. 1</td><td colspan="4">焊后热处理炉温控系统的设计与调试</td><td>学时</td><td>10 学时</td></tr>
<tr><td>考核项目</td><td>考核内容及要求</td><td>分值</td><td>学生自评</td><td>小组评分</td><td>教师评分</td><td>实得分</td></tr>
<tr><td>资讯（20%）</td><td>正确回答引导问题</td><td>20</td><td>30%</td><td>—</td><td>70%</td><td></td></tr>
<tr><td>计划（30%）</td><td>设计和规划完成方法和步骤，形成初步方案</td><td>30</td><td>30%</td><td>—</td><td>70%</td><td></td></tr>
<tr><td rowspan="2">决策（20%）</td><td>展示本组的初步方案（10%）</td><td>10</td><td>—</td><td>30%</td><td>70%</td><td></td></tr>
<tr><td>组间讨论确定实施方案（10%）</td><td>10</td><td>—</td><td>30%</td><td>70%</td><td></td></tr>
<tr><td>实施（10%）</td><td>按照方案执行情况（10%）</td><td>10</td><td>30%</td><td>—</td><td>70%</td><td></td></tr>
<tr><td rowspan="3">检查（20%）</td><td>操作过程规范性（5%）</td><td>5</td><td>30%</td><td></td><td>70%</td><td></td></tr>
<tr><td>正确展示成果（10%）</td><td>10</td><td>30%</td><td></td><td>70%</td><td></td></tr>
<tr><td>正确评价（5%）</td><td>5</td><td>30%</td><td></td><td>70%</td><td></td></tr>
<tr><td>评价评语</td><td colspan="6"></td></tr>
<tr><td>班级</td><td></td><td>组号</td><td></td><td>学号</td><td>总评</td><td></td></tr>
<tr><td>教师签字</td><td></td><td>组长签字</td><td colspan="2"></td><td>日期</td><td></td></tr>
</table>

任务 1.2 真空热处理炉温控系统的设计与调试

任 务 单

<table>
<tr><td>学习领域</td><td colspan="5">焊接自动化技术及应用</td></tr>
<tr><td>学习情境 1</td><td colspan="3">焊接加热控制系统的设计与调试</td><td>学时</td><td>16 学时</td></tr>
<tr><td>任务 1.2</td><td colspan="3">真空热处理炉温控系统的设计与调试</td><td>学时</td><td>6 学时</td></tr>
<tr><td colspan="6">布置任务</td></tr>
<tr><td>工作目标</td><td colspan="5">合理选择温度传感器和压力传感器，创建控制系统前面板，完成程序框图的构建，并成功调试、运行，最终实现温度、压力的显示、分析报警及控制。</td></tr>
<tr><td>任务描述</td><td colspan="5">收集压力传感器、LabVIEW 使用的相关信息，科学地分析真空热处理炉温度和压力控制系统的特点，合理选择温度传感器和压力传感器；在分析温度、压力控制系统原理的基础上，利用 LabVIEW 虚拟仪器技术创建控制系统前面板，完成程序框图的构建，并成功调试、运行，最终获得完整的 LabVIEW 项目文件，实现温度、压力的显示、分析报警及控制。</td></tr>
<tr><td>任务分析</td><td colspan="5">各小组对任务进行分析、讨论并根据收集的信息，首先了解控制系统实现的功能，掌握基本的控制原理，然后利用 LabVIEW 软件进行虚拟控制系统的设计及调试。需要查找的内容有：
1. 压力传感器的种类、特点和应用。
2. 条件结构的创建和应用。
3. 多级循环嵌套的创建和应用。</td></tr>
<tr><td>学时安排</td><td>资讯
2 学时</td><td>计划
1 学时</td><td>决策
0.5 学时</td><td>实施
2 学时</td><td>检查评价
0.5 学时</td></tr>
<tr><td>提供资料</td><td colspan="5">1. 胡绳荪. 焊接自动化技术及其应用. 北京：机械工业出版社，2007.
2. 王秀萍等. LabVIEW 与 NI-ELVIS 实验教程. 杭州：浙江大学出版社，2012.
3. 秦益霖，李晴. 虚拟仪器应用技术项目教程. 北京：中国铁道出版社，2010.
4. 李江全等. LabVIEW 虚拟仪器从入门到测控应用 130 例. 北京：电子工业出版社，2013.</td></tr>
<tr><td>对学生的要求</td><td colspan="5">1. 能对任务书进行分析，能正确理解和描述目标要求。
2. 具备独立思考、善于提问的学习习惯。
3. 具备查询资料的能力，以及严谨求实和开拓创新的学习态度。
4. 具备良好的职业意识和社会能力。
5. 具备团队协作、爱岗敬业的精神。</td></tr>
</table>

资 讯 单

<table>
<tr><td>学习领域</td><td colspan="3">焊接自动化技术及应用</td></tr>
<tr><td>学习情境 1</td><td>焊接加热控制系统的设计与调试</td><td>学时</td><td>16 学时</td></tr>
<tr><td>任务 1. 2</td><td>真空热处理炉温控系统的设计与调试</td><td>学时</td><td>6 学时</td></tr>
<tr><td>资讯方式</td><td colspan="3">实物、参考资料</td></tr>
<tr><td>资讯问题</td><td colspan="3">1. 简述压力传感器的种类、特点和应用。
2. 如何创建条件结构？
3. 如何添加、删除条件结构的分支？
4. 如何调整条件结构分支的顺序？
5. 如何创建、调用和设置局部变量？
6. 如何创建多级循环结构？
7. 简述控制系统的控制流程。</td></tr>
<tr><td>资讯引导</td><td colspan="3">资讯问题 1 可参考《传感器简明手册及应用电路——压力传感器分册》(刘畅生等)。
资讯问题 2、3、4 可参考《LabVIEW 虚拟仪器从入门到测控应用 130 例》(李江全等)。
资讯问题 5 可参考《虚拟仪器应用设计》(陈栋，崔秀华)。
资讯问题 6、7 可参考《LabVIEW 与 NI-ELVIS 实验教程——入门与进阶》(王秀萍等)。</td></tr>
</table>

信 息 单

1.2.1 压力传感器

压力传感器是工业实践中最为常用的一种传感器，广泛应用于各种工业自控环境，应用领域涉及水利水电、铁路交通、智能建筑、航空航天、军工、石化、油井、电力、船舶、机床、管道等众多行业。下面简单介绍一些常用压力传感器的原理及其应用。

力学传感器的种类繁多，如电阻应变片压力传感器、半导体应变片压力传感器、压阻式压力传感器、电感式压力传感器、电容式压力传感器、谐振式压力传感器及电容式加速度传感器等。但应用最为广泛的是压阻式压力传感器，它具有极低的价格、较高的精度及较好的线性特性。

1. 电阻应变片压力传感器的原理与应用

电阻应变片是一种将被测件上的应变变化转换成为一种电信号的敏感器件。电阻应变片应用最多的是金属电阻应变片和半导体应变片两种。金属电阻应变片又分为丝状应变片和金属箔状应变片两种。通常将应变片通过特殊的黏合剂紧密地黏合在产生力学应变的基体上，当基体受力产生应变时，电阻应变片也一起产生形变，使应变片的阻值发生改变，从而使加在应变片上的电压发生变化。电阻应变片在受力时产生的阻值变化通常较小，一般将应变片组成应变电桥，并通过后续的仪表放大器进行放大，再传输给处理电路（通常是 A/D 转换和 CPU ）显示或执行机构。

电阻应变片由应变敏感元件、基片和覆盖层、引出线等部分组成。应变敏感元件一般由金属丝和金属箔（高电阻率材料）组成，它把机械应变转化成电阻的变化。基片和覆盖层起固定和保护敏感元件、传递应变和电气绝缘作用。金属箔的厚度通常为 0.002 ~ 0.008mm。应变片厚度小、工作电流大、寿命长、易批量生产，在应力测量中应用广泛。绕线式应变片由一根高电阻率的电阻丝排成栅形，电阻为 60 ~120Ω。

电阻应变片传感器分为膜片式、筒式及组合式。其中膜片式适用于低压测量，筒式适用于高压测量。

2. 陶瓷压力传感器的原理及应用

耐蚀的陶瓷压力传感器没有液体的传递，压力直接作用在陶瓷膜片的前表面，使膜片产生微小的形变，厚膜电阻印刷在陶瓷膜片的背面，连接成一个惠斯通电桥（闭桥），由于压敏电阻的压阻效应，使电桥产生一个与压力成正比的高度线性、与激励电压也成正比的电压信号，标准的信号根据压力量程的不同标定为 2.0/3.0/3.3mV/V 等，可以和应变片压力传感器相兼容。通过激光标定，传感器具有很高的温度稳定性和时间稳定性，传感器自带温度补偿 0 ~70℃，并可以和绝大多数介质直接接触。

陶瓷是一种公认的高弹性、耐蚀、抗磨损、抗冲击和振动的材料。陶瓷的热稳定特性及其厚膜电阻可以使它的工作温度范围高达 -40 ~135℃，而且测量具有高精度、高稳定性。电气绝缘电压 >2kV，输出信号强，长期稳定性好。高特性、低价格的陶瓷压力传感器将是压力传感器的发展方向，在欧美国家有全面替代其他类型传感器的趋势，在中国，越来越多的用户使用陶瓷压力传感器替代扩散硅压力传感器。

3. 扩散硅压力传感器的原理及应用

硅单晶材料在受到外力作用产生极微小应变时，其内部原子结构的电子能级状态会发生变化，从而导致其电阻率剧烈变化。用此材料制成的电阻也就出现极大变化，这种物理效应称为压阻效应。利用压阻效应原理，采用集成工艺技术经过掺杂、扩散，沿单晶硅的特殊晶向制成应变电阻，构成电桥，利用硅材料的弹性力学特性，在同一硅材料上进行各向异性微加工，就制成了一个集力敏与力电转换检测于一体的扩散硅压力传感器。给传感器匹配一个放大电路和相关部件，使之输出一个标准信号，就组成了一个完整的变送器。被测介质的压力直接作用于传感器的膜片上（不锈钢或陶瓷），使膜片产生与介质压力成正比的微位移，使传感器的电阻值发生变化，再利用电子线路检测这一变化，并转换输出一个对应于这一压力的标准测量信号。

其技术特点如下：

（1）灵敏度高　扩散硅敏感电阻的灵敏因子比金属电阻应变片高50～80倍，它的满量程信号输出为80～100mV。对接口电路适配性好，应用成本相应较低。由于其输入激励电压低、输出信号大，且无机械动件损耗，因此分辨率极高。

（2）精度高　扩散硅压力传感器的感受、敏感转换和检测三位一体，无机械动件连接转换环节，所以重复性和迟滞误差很小。由于硅材料的刚性好、形变小，因此传感器的线性非常好，综合表现精度很高。

（3）可靠性高　扩散硅敏感膜片的弹性形变量在微应变数量级，膜片最大位移量在微米数量级，且无机械磨损、无疲劳、无老化，因而平均无故障时间长，性能稳定，可靠性高。

（4）温度性能好　随着集成工艺技术的进步，扩散硅敏感膜的四个电阻一致性得到进一步提高，原始的手工补偿已被激光调组、计算机自动修整技术所替代，传感器的零位和灵敏度温度系数已达到较高的数量级，工作温度稳定性也大幅度提高。

（5）耐蚀性好　由于扩散硅材料本身优良的化学防腐蚀性能，即使传感器受压面不隔离，也能在普通环境中适应各种介质。硅材料与硅油有良好的兼容性，使它在采用防腐材料隔离时结构工艺更易于实现。加之它具有低电压、低电流、低功耗、低成本和安全防爆等特点，可替代诸多同功能同类型的产品，具有最高的性价比。

4. 蓝宝石压力传感器的原理与应用

利用应变电阻式工作原理，采用硅-蓝宝石作为半导体敏感元件，具有无与伦比的计量特性。蓝宝石由单晶体绝缘体元素组成，不会发生滞后、疲劳和蠕变现象；蓝宝石比硅更坚固，硬度更高，不怕形变；蓝宝石有着非常好的弹性和绝缘特性（1000℃以内），因此，利用硅-蓝宝石制造的半导体敏感元件对温度变化不敏感，即使在高温条件下，也有着很好的工作特性；蓝宝石的抗辐射特性极强；另外，硅-蓝宝石半导体敏感元件无P-N漂移，因此从根本上简化了制造工艺，提高了重复性，确保了高成品率。用硅-蓝宝石半导体敏感元件制造的压力传感器和变送器，可在最恶劣的工作条件下正常工作，并且具有可靠性高、精度好、温度误差极小、性价比高等特点。

5. 压电传感器原理与应用

压电传感器主要使用的压电材料有石英、酒石酸钾钠和磷酸二氢胺。其中石英（二氧化硅）是一种天然晶体，压电效应就是在这种晶体中发现的。在一定的温度范围之内，压电效应一直存在，但温度超过这个范围之后，压电效应完全消失（这个高温就是所谓的“居里点”）。由于随着应力的变化电场变化微小（也就说压电系数比较低），石英逐渐被其他压电晶体所替代。酒石酸钾钠虽然具有很大的压电灵敏度和压电系数，但是它只能在室温和湿度比较低的环境下应用。而磷酸二氢胺属于人造晶体，能够承受高温和相当高的湿度，所以已经得到了广泛的应用。

现在压电效应也应用在多晶体上，比如压电陶瓷，包括钛酸钡压电陶瓷、锆钛酸铅压电陶瓷、铌酸盐压电陶瓷、铌镁酸铅压电陶瓷等。

压电效应是压电传感器的主要工作原理，压电传感器不能用于静态测量，因为经过外力作用后的电荷，只有在回路具有无限大的输入阻抗时才得到保存，而实际的情况不是这样的，所以这决定了压电传感器只能够测量动态的应力。

1.2.2 真空热处理炉的控制原理和主要功能

1. 真空热处理炉的控制原理

抽真空的外部组件连接示意图如图 1-21 所示，其中，PD 为压力表，PT 为压力传感器，VP 为气动阀门，NL 为机械泵。该装置主要用于抽低真空度。

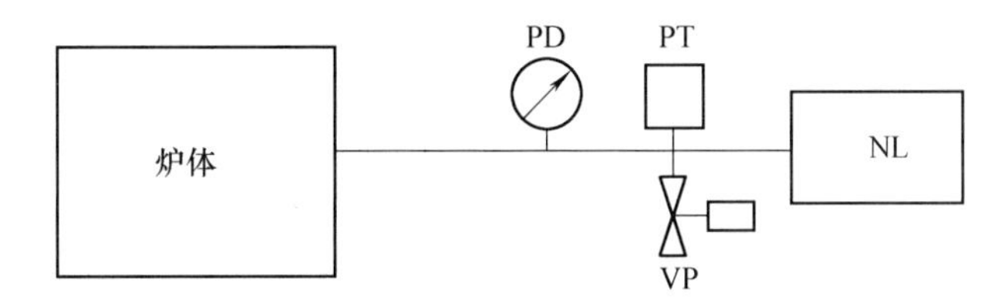

图 1-21　抽真空的外部组件连接示意图

该装置的工作顺序为：首先，启动机械泵（NL）；其次，打开气动阀门（VP），检测压力传感器（PT）是否达到真空度要求，如果达到要求，则启动加热程序。加热过程与任务 1.1 中焊后热处理炉温控系统的控制过程相同。

2. 真空热处理炉控制系统的主要功能

（1）监测功能　对真空炉的温度、真空度等参数进行检测及监视。

（2）显示功能　可显示真空炉各种控制参数设定和实时的数值，指示灯显示加热、保温和抽真空等运行状态。

（3）数据处理功能　系统可自动对采集的信号进行运算处理，并输出相应的控制量。

（4）控制功能　根据操作前相应的设定值，进行升温、保温、抽真空等控制。

（5）报警功能　操作面板以声光信号形式对各种参数越限或设备状态异常进行报警。

1.2.3 条件结构

在完成本任务的过程中，需要使用条件结构对真空度是否达到要求进行判断。

1. 条件结构的组成与建立

条件结构根据条件的不同控制程序执行不同的过程。

从函数选板的结构子选板上可将条件结构拖至程序框图中。如图 1-22 所示，条件结构由选择框架、条件选择端口、框架标识符和框架切换按钮组成。

在条件结构中，条件选择端口相当于 C 语言 Switch 语句中的“表达式”，框架标识符相当于“常量表达式 n”。编程时，将外部控制条件连接至条件选择端口上，程序运行时，条件选择端口会判断送来的控制条件，进而引导条件结构执行相应框架中的内容。

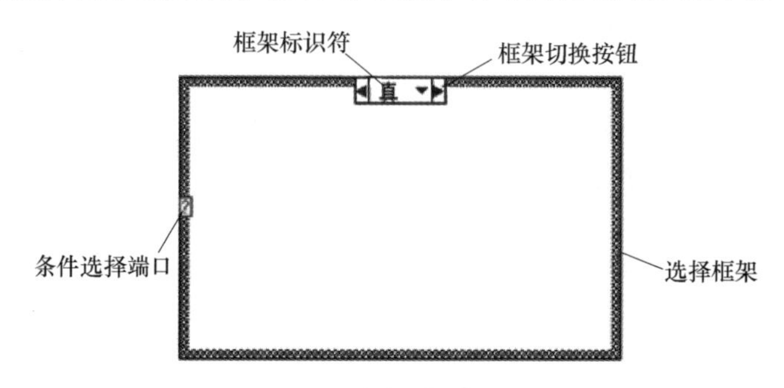

图 1-22　条件结构的组成

条件结构包含多个子框图，每个子框图的程序代码与一个条件选项对应。这些子框图全部重叠在一起，因此一次只能看到一张。

与 C 语言 Switch 语句相比，LabVIEW 中的条件结构比较灵活。条件选择端口中的外部控制条件的数据类型包括布尔型、数字整型、字符串型和枚举型。

当外部控制条件为布尔型数据时，条件结构的框架标识符的值为真和假两种，即有真和假两种选择框架，如图 1-22 所示，这是 LabVIEW 默认的选择框架类型。

当外部控制条件为数字整型数据时，条件结构的框架标识符的值为整数 0，1，2，…，选择框架的个数可根据实际需要确定。在选择框架的右键快捷菜单中选择“添加分支”命令，可以添加选择框架，如图 1-23 所示。

当外部控制条件为字符串型数据时，条件结构的框架标识符的值即为由双引号括起来的字符串“1”，选择框架的个数也是根据实际需要确定的，如图 1-24 所示。

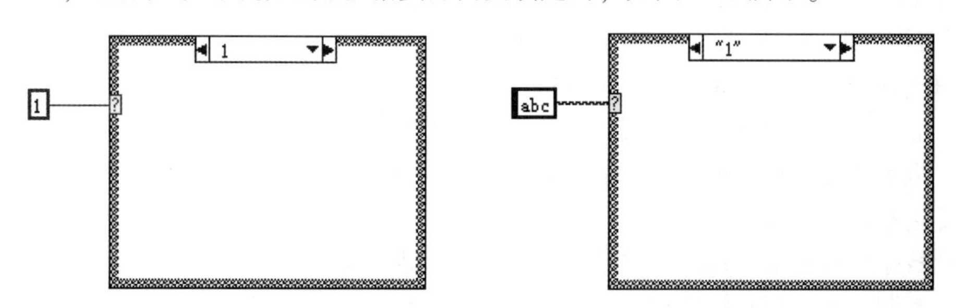

图 1-23　外部控制条件为数字整型数据　　图 1-24　外部控制条件为字符串型数据

注意：在使用条件结构时，外部控制条件的数据类型必须与框架标识符中的数据类型一致，二者若不匹配，LabVIEW 会报错，同时，框架标识符中字体的颜色将变为红色。

当 VI 处于编辑状态时，用鼠标（操作工具状态）单击“递增”/“递减”按钮可以从当前的选择框架切换到前一个或后一个选择框架；用鼠标单击框架标识符，可在下拉列表框中选择切换到任意一个选择框架。

2. 条件结构分支的添加、删除与排序

条件结构分支的添加、删除与排序可以通过在选择框架上单击鼠标右键，然后从弹出的快捷菜单中选择相应的命令来完成。若选择“在后面添加分支”命令，则在当前显示的分支后添加分支；若选择“在前面添加分支”命令，则在当前显示的分支前添加分支；若选择“复制分支”命令，则复制当前显示的分支。当执行以上操作时，框架标识符也随之更新，以反映插入或删除的子框图。选择“重排分支”命令进行分支排序时，在分支列表中将想要移动的分支直接拖动到合适的位置即可。重新排序后的结构不会影响条件结构的运行性能。

3. 条件结构数据的输入与输出

为与选择框架外部交换数据，条件结构也有边框通道。条件结构的边框通道与顺序结构的框架通道类似，但也有其自身的特点。

条件结构所有输入端口的数据，其任何子框图都可以通过连线使用，甚至不用连线也可使用。当外部数据连接到选择框架上供其内部节点使用时，条件结构的每一个子框图都能从该通道中获得输入的外部数据。

如果任意子框图输出数据时，则所有其他分支也必须有数据从该数据通道输出。若其中一个子框图连接了输出，则所有子框图在同一位置出现一个中空的数据通道。只有所有子框图都连接了该输出数据，数据通道才会变为实心且程序才可运行。

LabVIEW 的条件结构与其他语言的条件结构相比，结构简单，不仅可以实现 Switch 语句的功能，还可以实现多个 If... Else 语句的功能。

1.2.4　局部变量

在本次任务中，涉及嵌套的循环结构，很多控件需要出现在不同级别的循环结构当中，因此需要为控件创建变量，就好比是它的“分身”一样。

1. 变量概述

在 LabVIEW 环境中，各个对象之间传递数据的基本途径是通过连线。但是需要在几个同时运行的程序之间传递数据时，显然通过连线是无法实现的。即使在一个程序内部各部分之间传递数据时，有时也会遇到连线的困难。另外，需要在程序中多个位置访问同一个面板对象，甚至有些是对它写入数据，有些是由它读出数据。在这些情况下，就需要使用变量。变量是 LabVIEW 环境中传递数据的工具，主要用于解决数据和对象在同一 VI 程序中的复用和在不同 VI 程序中的共享问题。

LabVIEW 中的变量有局部变量和全局变量两种。和其他编程语言不一样，LabVIEW 中的变量不能直接创建，而是必须关联到一个前面板对象，依靠此对象来存储、读取数据。也就是说，LabVIEW 中的变量相当于前面板对象的一个副本，二者的区别是变量既可以存储数据，也可以读取数据；而前面板对象只能进行其中一种操作。

2. 局部变量的作用

LabVIEW 中的局部变量只能在变量生成的程序中使用，其作用类似于传统编程语言中的局部变量。但由于 LabVIEW 的特殊性，局部变量又具有与传统编程语言中的局部变量不同的地方。

在 LabVIEW 中，前面板上的每一个控制或指示在程序框图上都有一个与之对应的端口。控制通过这个端口将数据传送给程序框图的其他节点。程序框图也可以通过这个端口为指示赋值。但是，这个端口是唯一的，即一个控制或一个指示只有一个端口。用户在编程时，经常需要在同一个 VI 的程序框图中的不同位置多次为指示赋值，多次从控制中取出数据；或者是为控制赋值，从指示中取出数据。显然，仅用一个端口是无法实现这些操作的。局部变量的引入解决了以上问题。

3. 局部变量的使用

根据需要，用户经常要为输入控件赋值或从显示控件中读出数据。利用局部变量，就可以解决这个问题。局部变量有“读”和“写”两种属性。当其属性为“读”时，可以从局部变量中读出数据；当其属性为“写”时，可以给这个局部变量赋值。通过这种方法，就可以达到给输入控件赋值或从显示控件中读出数据的目的，即局部变量既可以是输入量也可以是显示量。

在局部变量的右键快捷菜单中，选择“转换为读取”或“转换为写入”命令，可改变局部变量的属性。请注意，当局部变量的属性为“读”时，局部变量图标的边框用粗线来表示；当局部变量的属性为“写”时，局部变量图标的边框用细线表示。这就为用户编程提供了很大的灵活度。通过局部变量图标边框线条的粗细，用户可以很容易地区分出一个局部变量的属性。

4. 局部变量的特点

局部变量的引入为用户使用 LabVIEW 提供了方便。它具有许多特点，了解了这些特点，可以帮助用户更好地学习和使用 LabVIEW。

在 LabVIEW 中，一个局部变量就是其相应前面板对象的一个数据副本，要占用一定的内存。所以，应该在程序中控制使用局部变量，特别是对于那些包含大量数据的数组。若在程序中使用多个这种数组的局部变量，那么这些局部变量就会占用大量的内存，从而会降低程序运行效率。

LabVIEW 是一种并行处理语言，只要模块的输入有效，模块就会执行程序。当程序中有多个局部变量时，要特别注意这一点，因为这种并行执行可能造成意想不到的错误。例如，在程序的某一个地方，用户从一个输入控件的局部变量中读出数据；在另一个地方，又根据需要为这个输入控件的另一个局部变量赋值。如果这两个过程是并行发生的，就有可能使得读出的数据不是前面板对象原来的数据，而是赋值后的数据。这种错误不是明显的逻辑错误，很难发现，因此在编程过程中要特别注意，应尽量避免这种错误的发生。

LabVIEW 中的局部变量的另外一个特点与传统编程语言中的局部变量相似，即只能在同一个 VI 中使用，不能在不同的 VI 之间使用。若需要在不同的 VI 间进行数据传递，可使用全局变量。使用局部变量可以在程序框图的不同位置访问前面板对象。前面板对象的局部变量相当于其端口的一个副本，它的值与该端口同步，也就是说，两者所包含的数据是相同的。

下面通过具体的实例来说明局部变量的使用。

实例：通过旋钮改变数值大小，当旋钮数值大于或等于 5 时，指示灯为一种颜色；当旋钮数值小于 5 时，指示灯为另一种颜色。

首先进行前面板设计，具体做法如下：

1）添加 1 个旋钮控件，标签改为“旋钮”。

2）添加 1 个仪表控件，标签改为“仪表”。

3）添加 1 个指示灯控件，标签改为“上限灯”。指示灯控件的“开关”状态的颜色设置在属性中完成，可以根据需要设置不同的显示颜色。本实例中，分别设置为绿色和棕色。

4）添加 1 个停止按钮控件，标签改为“停止”。

设计好的前面板如图 1-25 所示。

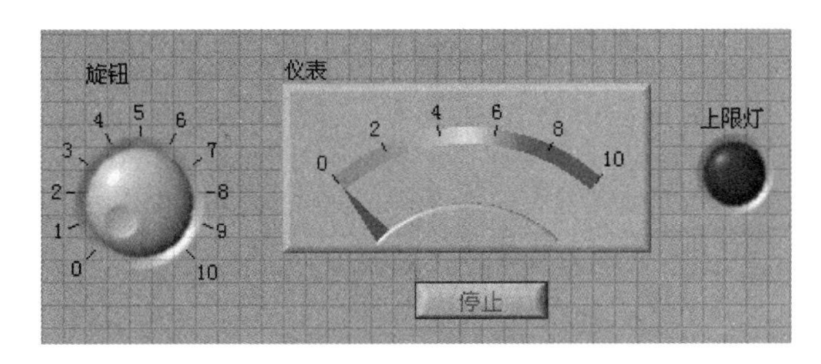

图 1-25　前面板示意图

然后设计程序框图，具体步骤如下：

1）添加 1 个 While 循环结构。

2）在 While 循环结构中添加 1 个数值常量，把值改为 5。

3）在 While 循环结构中添加 1 个比较函数“大于等于?”。

4）在 While 循环结构中添加 1 个条件结构。

5）在条件结构真选项中添加 1 个真常量。

6）在条件结构假选项中添加 1 个假常量。

7）在条件结构假选项中创建 1 个局部变量。开始时，局部变量的图标上有一个问号，此时的局部变量没有任何用处，因为它并没有与前面板上的输入控件或显示控件相关联。

右击图标，会出现一个下拉菜单，选择“选择项”命令，其子菜单中会列出前面板上所有输入或显示控件的名称。选择所需要的名称“上限灯”，如图 1-26 所示，完成前面板对象的一个局部变量的创建工作，此时局部变量的选择项中间会出现被选择控件的名称。

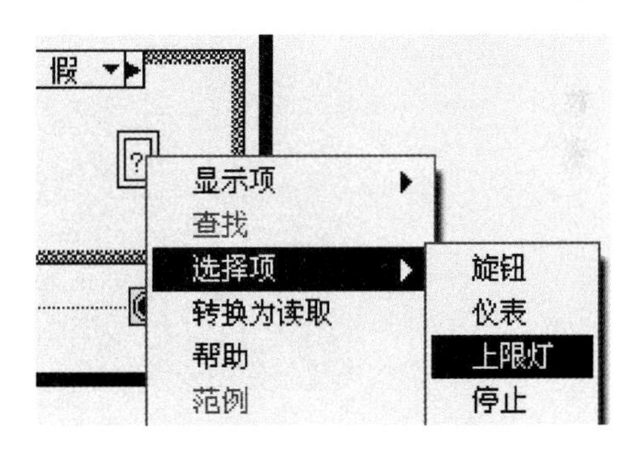

图 1-26　建立局部变量关联

创建局部变量的另一种方法是：在前面板中右击所要关联的对象，如“上限灯”，然后从弹出的快捷菜单中选择“创建”→“局部变量”命令，如图 1-27 所示，便可创建一个和前面板对象“上限灯”相关联的局部变量。

8）将旋钮控件、仪表控件、停止按钮控件的图标移到 While 循环结构中，将上限灯控件的图标移到条件结构“真”选项中。

9）将旋钮控件与比较函数“大于或等于?”的输入端口 x 相连，再与仪表控件相连。

10）将数值常量 5 与比较函数“大于或等于?”的输入端口 y 相连。

11）将比较函数“大于或等于?”的输出端口“x > = y?”与条件结构的选择端口相连。

12）在条件结构“真”选项中将真常量与上限

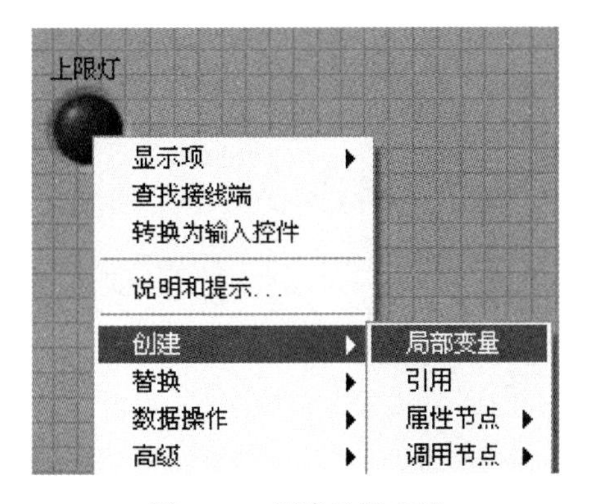

图 1-27　创建局部变量

灯控件相连。

13）在条件结构“假”选项中将假常量与上限灯局部变量相连。

14）将停止按钮与循环结构的条件端口相连。

连线后的程序框图如图 1-28 所示。

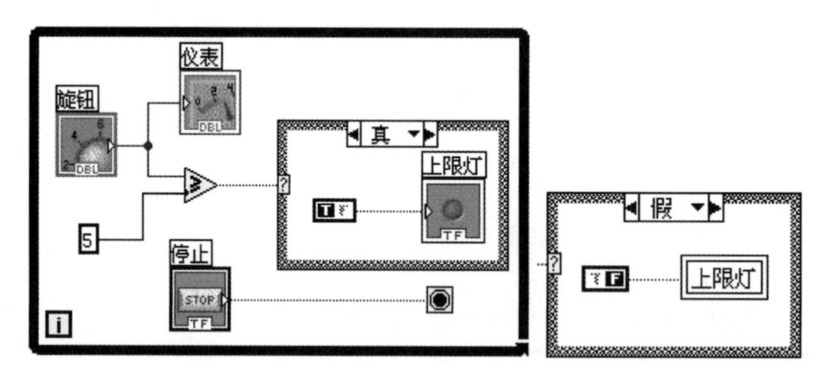

图 1-28　程序框图（局部变量的使用）

最后运行程序，具体做法和执行效果如下：执行“运行”命令。转动旋钮，数值变化，仪表指针随之转动，当旋钮数值大于或等于 5 时，指示灯变为绿色；当旋钮数值小于 5 时，指示灯变为棕色（也可能是其他颜色，这与指示灯控件颜色设置有关）。

程序执行效果如图 1-29 所示。

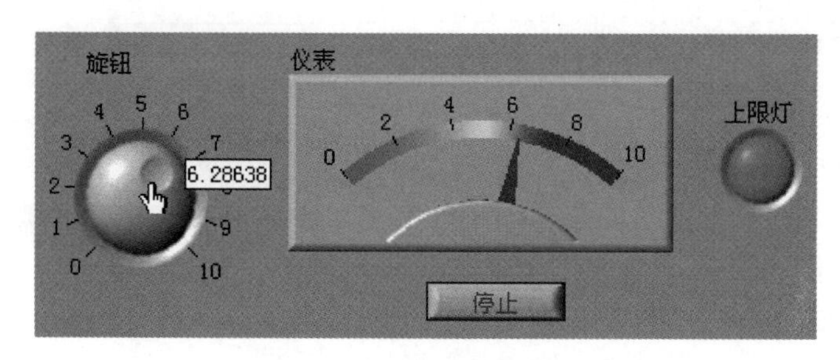

图 1-29　程序执行效果示意图

计 划 单

学习领域	焊接自动化技术及应用			
学习情境 1	焊接加热控制系统的设计与调试		学时	16 学时
任务 1.2	真空热处理炉温控系统的设计与调试		学时	6 学时
计划方式	小组讨论			
序号	实施步骤		使用资源	
制订计划说明				
计划评价	评语：			
班级		第　　组	组长签字	
教师签字			日期	

决 策 单

学习领域	焊接自动化技术及应用					
学习情境 1	焊接加热控制系统的设计与调试				学时	16 学时
任务 1.2	真空热处理炉温控系统的设计与调试				学时	6 学时
方案讨论					组号	
方案决策	组别	步骤 顺序性	步骤 合理性	实施可 操作性	选用工具 合理性	方案综合评价
	1					
	2					
	3					
	4					
	5					
	1					
	2					
	3					
	4					
	5					
	1					
	2					
	3					
	4					
	5					
方案评价	评语：					
班级		组长签字		教师签字		月　日

作　业　单

学习领域	焊接自动化技术及应用		
学习情境 1	焊接加热控制系统的设计与调试	学时	16 学时
任务 1.2	真空热处理炉温控系统的设计与调试	学时	6 学时
作业方式	小组分析、个人解答、现场批阅、集体评判		
1	压力传感器选型的依据是什么?		
2	简述真空热处理炉温控系统的设计方案。		

作业评价：

班级		组号		组长签字	
学号		姓名		教师签字	
教师评分		日期			

检　查　单

学习领域	焊接自动化技术及应用			
学习情境 1	焊接加热控制系统的设计与调试		学时	16 学时
任务 1.2	真空热处理炉温控系统的设计与调试		学时	6 学时
序号	检查项目	检查标准	学生自查	教师检查
1	任务书阅读与分析能力，正确理解及描述目标要求	准确理解任务要求		
2	与同组同学协商，确定人员分工	较强的团队协作能力		
3	查阅资料能力	较强的资料检索能力		
4	资料的阅读、分析和归纳能力	较强的分析报告撰写能力		
5	真空和温度控制系统设计	正确设计并调试		
6	安全操作	符合“5S”要求		
7	故障的分析诊断能力	故障处理得当		
检查评价	评语：			

班级		组号		组长签字	
教师签字				日期	

评 价 单

<table>
<tr><td>学习领域</td><td colspan="6">焊接自动化技术及应用</td></tr>
<tr><td>学习情境 1</td><td colspan="4">焊接加热控制系统的设计与调试</td><td>学时</td><td>16 学时</td></tr>
<tr><td>任务 1.2</td><td colspan="4">真空热处理炉温控系统的设计与调试</td><td>学时</td><td>6 学时</td></tr>
<tr><td>考核项目</td><td>考核内容及要求</td><td>分值</td><td>学生自评</td><td>小组评分</td><td>教师评分</td><td>实得分</td></tr>
<tr><td>资讯（20%）</td><td>正确回答引导问题</td><td>20</td><td>30%</td><td>—</td><td>70%</td><td></td></tr>
<tr><td>计划（30%）</td><td>设计和规划完成方法和步骤，形成初步方案</td><td>30</td><td>30%</td><td>—</td><td>70%</td><td></td></tr>
<tr><td rowspan="2">决策（20%）</td><td>展示本组的初步方案（10%）</td><td>10</td><td>—</td><td>30%</td><td>70%</td><td></td></tr>
<tr><td>组间讨论确定实施方案（10%）</td><td>10</td><td>—</td><td>30%</td><td>70%</td><td></td></tr>
<tr><td>实施（10%）</td><td>按照方案执行情况（10%）</td><td>10</td><td>30%</td><td>—</td><td>70%</td><td></td></tr>
<tr><td rowspan="3">检查（20%）</td><td>操作过程规范性（5%）</td><td>5</td><td>30%</td><td></td><td>70%</td><td></td></tr>
<tr><td>正确展示成果（10%）</td><td>10</td><td>30%</td><td></td><td>70%</td><td></td></tr>
<tr><td>正确评价（5%）</td><td>5</td><td>30%</td><td></td><td>70%</td><td></td></tr>
<tr><td>评价评语</td><td colspan="6"></td></tr>
<tr><td>班级</td><td></td><td>组号</td><td></td><td>学号</td><td>总评</td><td></td></tr>
<tr><td>教师签字</td><td colspan="2"></td><td>组长签字</td><td></td><td>日期</td><td></td></tr>
</table>

学习情境 2 半自动焊接小车控制系统的设计与调试

【工作目标】

通过本情境的学习，学生应具有以下的能力和水平：

1. 具备设计和调试直流电动机调速控制系统的能力。
2. 具备设计和调试步进电动机控制系统的能力。
3. 具备科学地分析问题、解决问题的能力。
4. 具备良好的表达能力和较强的沟通与团队合作能力。

【工作任务】

1. 设计直流电动机调速控制系统。
2. 设计半自动焊接小车控制系统。
3. 设计步进电动机控制系统。

【情境导入】

由于直线形坡口和焊缝的结构较为简单，便于自动化设备引入，因此半自动焊接小车广泛应用于热切割和焊接设备中，尤其是在焊接下料、坡口的加工制备以及自动焊接过程中，以实现坡口加工及焊接的自动化。

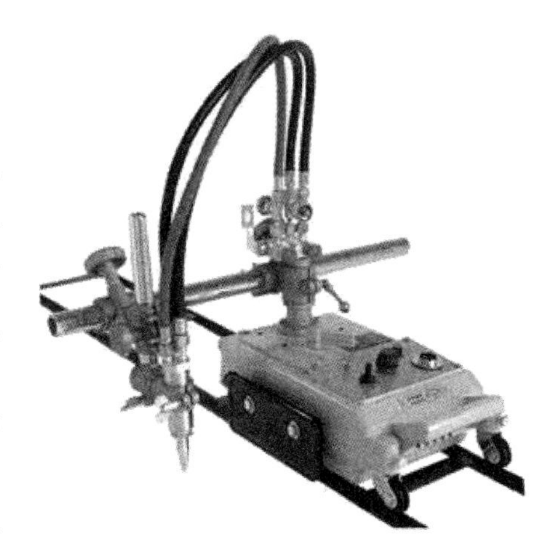

图 2-1　热切割小车

图 2-1 所示为某型号热切割小车。图 2-2 所示为某型号带焊枪摆动功能的半自动焊接小车。

在本情境中，我们要设计热切割小车控制系统，应用变压、变流、调速等原理设计控制电路。对于带焊枪摆动功能的半自动焊接小车，为了实现对焊枪摆动角度的精确控制，需要采用步进直流电动机，并需要设计相应的步进电动机控制系统。

图 2-2　带焊枪摆动功能的半自动焊接小车

为完成板材定宽、坡口切割，以及焊接工作，在任务 2.1 中制作一个热切割小车的控制系统，在任务 2.2 中制作一个带焊枪摆动功能的半自动焊接小车的控制系统。

小车运行在导轨上，沿导轨做直线运动，能够实现手动控制运动、自动匀速连续运动、自动往复运动等多种功能。如果在小车上搭载可产生切割火焰的氧燃气割炬，火焰燃烧并放出热量，随着小车做直线运动，被切割材料上形成直线切口；如果在小车上搭载焊枪，实现焊枪摆动，通过调节焊枪摆动的角度和速度，配合小车的行走速度，就能够保证焊缝成形质量。

任务 2.1 热切割小车控制系统的设计与调试

任　务　单

<table>
<tr><td>学习领域</td><td colspan="5">焊接自动化技术及应用</td></tr>
<tr><td>学习情境 2</td><td colspan="3">半自动焊接小车控制系统的设计与调试</td><td>学时</td><td>12 学时</td></tr>
<tr><td>任务 2.1</td><td colspan="3">热切割小车控制系统的设计与调试</td><td>学时</td><td>6 学时</td></tr>
<tr><td colspan="6">布置任务</td></tr>
<tr><td>工作目标</td><td colspan="5">合理选择相应的变压、变流系统，完成热切割小车控制系统的设计，并绘制出热切割小车的电气控制电路图。</td></tr>
<tr><td>任务描述</td><td colspan="5">科学分析半自动焊接小车控制系统的特点，合理选择相应的变压、变流系统，在分析小车结构和功能、直流电动机调速原理的基础上，进行直流电动机控制系统设计和调试，并绘制热切割小车的电气控制电路图。</td></tr>
<tr><td>任务分析</td><td colspan="5">各小组对任务进行分析、讨论，并根据收集的信息了解控制系统所要实现的功能，掌握基本的变压、变流和控制原理，进行电气控制系统的设计，绘制电气原理图。
需要掌握的内容有：
1. 直流电动机的调速原理。
2. 热切割小车的结构和功能。
3. 热切割小车电气控制系统的组成。</td></tr>
<tr><td>学时安排</td><td>资讯
2 学时</td><td>计划
1 学时</td><td>决策
0.5 学时</td><td>实施
2 学时</td><td>检查评价
0.5 学时</td></tr>
<tr><td>提供资料</td><td colspan="5">1. 胡绳荪．焊接自动化技术及其应用．北京：机械工业出版社，2007.
2. 谷腰欣司．直流电动机实际应用技巧．王益全，译．北京：科学出版社，2006.
3. CG1-30 型小车产品说明书。</td></tr>
<tr><td>对学生的要求</td><td colspan="5">1. 能对任务进行分析，能正确理解和描述目标要求。
2. 具备独立思考、善于提问的学习习惯。
3. 具备查询资料能力，以及严谨求实和开拓创新的学习态度。
4. 具备良好的职业意识和社会能力。
5. 具备一定的观察理解和判断分析能力。
6. 具备团队协作、爱岗敬业的精神。</td></tr>
</table>

资 讯 单

<table>
<tr><td>学习领域</td><td colspan="3">焊接自动化技术及应用</td></tr>
<tr><td>学习情境 2</td><td>半自动焊接小车控制系统的设计与调试</td><td>学时</td><td>12 学时</td></tr>
<tr><td>任务 2. 1</td><td>热切割小车控制系统的设计与调试</td><td>学时</td><td>6 学时</td></tr>
<tr><td>资讯方式</td><td colspan="3">实物、参考资料</td></tr>
<tr><td>资讯问题</td><td colspan="3">1. 直流电动机的静态特性有哪些?
2. 直流电动机的技术指标有哪些?
3. 直流电动机的速度控制原理是什么?
4. 直流电动机调速的典型电路有哪些?
5. CG1-30 型小车主要由哪几部分组成?
6. CG1-30 型小车如何操作和控制?
7. CG1-30 型小车电气控制系统设计的步骤是什么?</td></tr>
<tr><td>资讯引导</td><td colspan="3">资讯问题 1、2 可参考《焊接自动化技术及其应用》(胡绳荪)。
资讯问题 3、4 可参考《直流电动机实际应用技巧》(谷腰欣司)以及《焊接自动化技术及其应用》(胡绳荪)。
资讯问题 5 ~7 可参考 CG1-30 型小车产品说明书。</td></tr>
</table>

信　息　单

2.1.1　直流电动机的调速

1. 调速的分类

(1) 无级调速和有级调速　根据速度变化是否连续，可以将调速分为无级调速和有级调速。

无级调速又称连续调速，是指电动机的转速可以平滑地调节。采用无级调速的电动机转速变化均匀，适应性强且容易实现调速自动化，因此在自动焊接系统中得到广泛的应用。

有级调速又称间断调速或分级调速。它的转速只有有限的几级，故调速范围有限且不易实现调速自动化。

(2) 向上调速和向下调速　以额定转速为基准，根据速度调节方向，可以将调速分为向上调速和向下调速。

电动机额定负载时的额定转速称为基本转速或基速。以基速为基准，提高转速的调速为向上调速；降低转速的调速称为向下调速。

(3) 恒转矩调速和恒功率调速　根据电动机输出转矩和功率随转速变化的情况，可以将调速分为恒转矩调速和恒功率调速。

恒转矩调速是指在电动机调速过程中，在不同的稳定速度下，电动机的转矩为常数。例如，当磁通一定时，调节电枢电压或电枢回路电阻的方法就属于恒转矩调速方法。该种调速方法应用于恒转矩负载的电动机调速中。在焊接机械中，大部分负载属于恒转矩负载，因此焊接自动化系统中采用恒转矩调速方法较多。

恒功率调速是指在电动机调速过程中，在不同的稳定速度下，电动机的功率为常数。例如，当电枢电压一定时，减弱磁通的调速方法就属于恒功率调速方法。该种调速方法应用于恒功率负载的电动机调速中。恒功率负载是指在调速过程中负载功率 P_L 为常数，负载转矩 T_L 与转速 n 成反比的负载。这时，如采用恒转矩调速方法，使调速过程保持 $T_m \propto I$，则在不同转速时，电动机的转矩 T_m 将不同，且在低速时电动机将会过载。因此，要保持调试过程电流恒定，应使 $P \propto I$。

综上所述，对于恒转矩负载，应尽量采用恒转矩调速方法；而对于恒功率负载，应尽量采用恒功率调速方法。这样电动机的容量才能充分得到利用。

2. 直流电动机调速的方法

在生产中经常需要改变生产机械的工作速度，改变的方法有机械和电气两类。机械方法是通过改变传动机构的传动比来实现调速的。电气方法是通过改变电动机的接线方式、电源的参数和电动机的参数，使电动机运行在不同的人为特性曲线上，以得到不同的相对稳定转速来调速的。

直流电动机的转速 n (r/min) 和其他参量的关系可表示为

$$n = \frac{U_a - I_a R_a}{C_e \Phi} \tag{2-1}$$

式中　I_a——电枢电流 (A)；

U_a——电枢供电电压 (V)；

Φ——励磁磁通 (Wb)；

R_a——电枢回路总电阻（Ω）；

C_e——反电动势系数；

$$C_e = \frac{pN}{60a} \tag{2-2}$$

式中　p——磁极对数；

a——电枢并联支路数；

N——导体数。

由式（2-1）可以看出，只要改变 U_a、R_a、Φ 三个参量中的一个，就可以改变电动机的转速，因此直流电动机有三种基本调速方法。

（1）改变电枢回路总电阻　各种直流电动机都可以通过改变电枢回路电阻来调速，即在电枢回路中串联一个可调电阻 R_w，此时电动机的转速为

$$n = \frac{U_a - I_a(R_a + R_w)}{C_e\Phi} \tag{2-3}$$

式中　R_w——外接电阻（Ω）。

图 2-3a 是改变电枢回路总电阻的调速电路图。

当负载一定时，R_w 增大，电枢回路总电阻增大，电动机转速就会降低。其机械特性曲线如图 2-3b 所示。如果电枢电流比较大，则需要用接触器或主令开关切换来改变 R_w，所以这一方法一般只能进行有级调速。

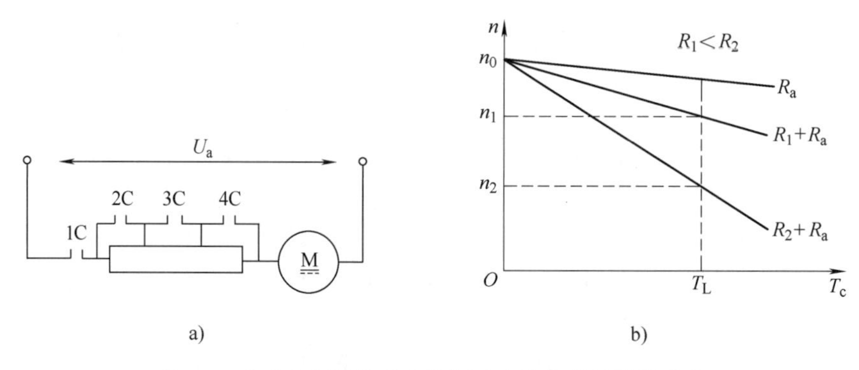

图 2-3　改变电枢回路总电阻调速电路与机械特性曲线

a）调速电路　b）机械特性曲线

在电枢回路中串联电阻，电动机机械特性曲线的斜率增加，机械特性变软，电动机转速受负载影响大，轻载下很难得到低速，重载时会发生堵转现象，而且因串联电阻而产生额外的能量损耗，因此在使用上有一定的局限性。

（2）改变电枢电流调速　当电枢供电电压恒定时，改变电动机的电枢电流也能实现调速。由式（2-1）可以看出，电动机的励磁磁通 Φ 与转速成反比，即当励磁磁通增大时，转速 n 降低；反之，则 n 升高。电动机的转矩 T_m 是磁通 Φ、电枢电流 I_a 的乘积。电枢电流不变时，随着励磁磁通 Φ 的增大，其转速降低，转矩也会相应地增大。所以，应用这种调速方法时，随着电动机励磁磁通 Φ 的增大，其转速降低，转矩会相应地升高。由于电枢供电、电枢电流一定而转速不同时，电动机输出功率一定，因此这种调速方法属于恒功率调速。为了使电动机的容量能得到充分利用，通常只在电动机基速以上调速时才采用这种调速方法。

(3) 改变电枢供电电压调速　通过改变电枢供电电压调速是直流电动机调速系统中应用最广的一种调速方法。

改变电枢供电电压，就改变了电动机的机械特性。持续改变电枢供电电压，可以实现无级调速（直流电动机转速可在很宽的范围内变化）。

改变电枢供电电压的方法有两种：一种是采用发电机-电动机组供电的调速系统；另一种是采用晶闸管变流器供电的调速系统。前者需要两台与调速电动机容量相当的旋转电机和一台容量小一些的励磁发电机（LF），因而设备多、占地面积大，而且效率低、费用高、运行噪声大、维护不够便捷。因此，多采用晶闸管变流器供电的调速方法。

如图 2-4a 所示，通过调节触发器的控制电压来移动触发脉冲的相位，则可改变整流电压，从而实现平滑调速。其开环机械特性曲线如图 2-4b 所示，每一条机械特性曲线都由两段组成。在电流连续区改变延迟角 α 时，特性曲线呈一组平行直线，和发电机-电动机组供电时的完全一样；但在电流断流区，则为非线性的软特性。这是由晶闸管整流电路在具有反电势负载时电流易产生断流造成的。

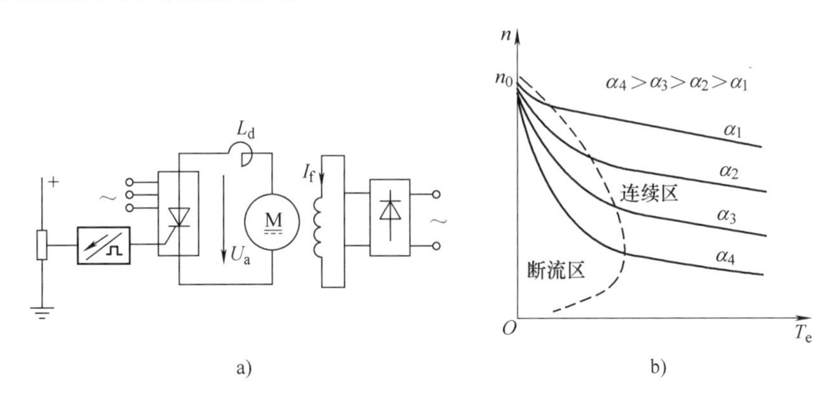

图 2-4　晶闸管供电的调速电路及机械特性曲线

a）调速电路　b）机械特性曲线

采用改变电枢供电电压的调速方法时，由于电动机在任何转速下的励磁磁通都不变，只是电动机的供电电压发生变化，因此在供电电流一定时，如果不考虑低速下通风恶化的影响（也就是假定电动机强迫通风或封闭自冷），则不论高速还是低速，电动机都能输出额定转矩，故这种调速方法属于恒转矩调速。这是该调速方法的一个极为重要的特点。

由于电动机的电枢供电电压一般以额定电压为上限，因此采用改变电枢供电电压进行电动机调速时，通常只能在低于额定电压的范围内调节电枢供电电压。

连续改变电枢供电电压，可以使直流电动机在很宽的范围内实现无级调速，调速比一般可以达到 10：1 ~ 12：1。如果采用反馈控制系统，调速比的范围可达 50：1 ~ 150：1，甚至更大。对于改变电枢供电电压的方法，目前应用较多的是采用晶闸管变流器供电的调速系统和功率开关器件控制的脉冲调速系统。

2.1.2　CG1-30 型小车的结构和功能

1. 结构

图 2-5 所示为 CG1-30 型小车的结构示意图，其主要组成部分如下：

（1）机身　该设备机身采用铝合金制成，具有重量轻、强度高及耐蚀等优点。

（2）电动机及减速机构　该设备采用S261直流伺服电动机驱动，外形尺寸小且经久耐用，可作顺逆方向旋转，输出功率为24W。它直接与齿轮减速机构相连接，以带动滚轮转动。减速机构采用三级减速传动。其传动比为1∶1035。这里对减速机构不做详细描述。

（3）速度控制　该设备通过阻容异相控制可控硅整流电路开放角大小来实现电动机的无级调速。工作时只需旋转4.7kΩ电位器的旋钮即可使切割速度在50～750mm/min范围内实现无级调速。

（4）割炬部分　割炬由气体分配器、横移杆、割嘴、升降机构等部件组成。由于齿轮和齿条的传动，割嘴可以左右、上下移动，调节比较方便。松开夹紧螺钉，割炬可以在±45°范围内进行回转。

（5）导轨部分　导轨有凹导轨和凸导轨两种形式，用户可根据万向轮的形式选择其中的一种。导轨两端面有接口，供接长用，如切割长零件时可接长导轨。

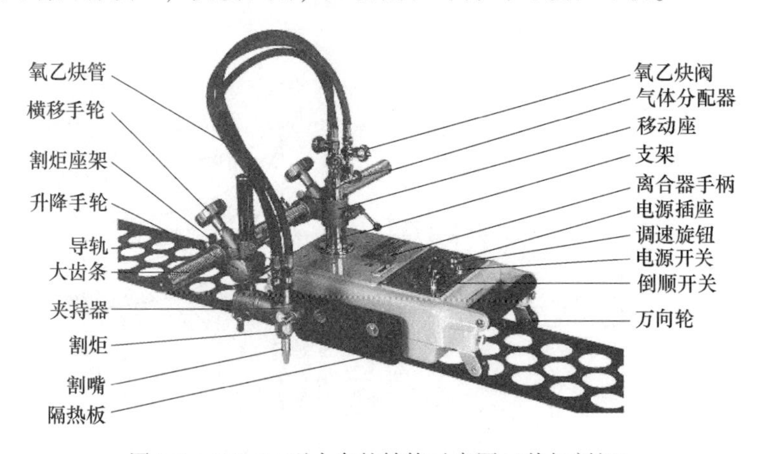

图2-5　CG1-30型小车的结构示意图（热切割机）

2. 功能

该设备使用中压乙炔和高压氧气混合燃烧所形成的火焰切割厚度大于8mm的钢板，是以直线切割为主的多用机器，同时也能用于直径大于ϕ200mm的圆周切割以及斜面、V形切割；另外可利用附加装置和机身的动力，实现火焰淬火、塑料焊接等工艺。

该设备采用直流伺服电动机，利用可控硅整流器来调整速度。机器的起动或停止由单刀开关控制，顺逆转运行则由转换开关操作。速度控制箱上有刻度线，旋动旋钮指到不同刻度上，可以控制机器的不同速度。

2.1.3　CG1-30型小车电气控制系统的设计

1. 电气控制系统功能

（1）变压　直流电动机的工作电压为110V，因此供电电路220V的电压需要变压，才可供电动机使用。

（2）变流　直流电动机需要直流供电，而经过一次变压（110V）后的电流仍为交流电，这时就需要进行整流滤波，获得直流电。

（3）调速　通过控制直流电动机的转速，实现切割速度的无级调节。

2. 电气控制系统的设计思路

（1）变压　通过选用变压器实现220V到110V的变压。

（2）变流　通过二极管进行斩波，将交流电变成直流电，通过电容元件实现滤波，最终得到需要的供应直流电动机的直流电。

（3）调速　通过调节电位器的电阻值，调节触发器的控制电压，从而移动触发脉冲的相位，改变整流电压，最终实现平滑无级调速。

计划单

学习领域	焊接自动化技术及应用			
学习情境 2	半自动焊接小车控制系统的设计与调试		学时	12 学时
任务 2.1	热切割小车控制系统的设计与调试		学时	6 学时
计划方式	小组讨论			
序号	实施步骤		使用资源	
制订计划说明				
计划评价	评语：			
班级		第　　组	组长签字	
教师签字			日期	

决　策　单

<table>
<tr><td>学习领域</td><td colspan="7">焊接自动化技术及应用</td></tr>
<tr><td>学习情境 2</td><td colspan="5">半自动焊接小车控制系统的设计与调试</td><td>学时</td><td>12 学时</td></tr>
<tr><td>任务 2.1</td><td colspan="5">热切割小车控制系统的设计与调试</td><td>学时</td><td>6 学时</td></tr>
<tr><td colspan="6">方案讨论</td><td>组号</td><td></td></tr>
<tr><td rowspan="16">方案决策</td><td>组别</td><td>步骤
顺序性</td><td>步骤
合理性</td><td>实施可
操作性</td><td>选用工具
合理性</td><td colspan="2">方案综合评价</td></tr>
<tr><td>1</td><td></td><td></td><td></td><td></td><td colspan="2"></td></tr>
<tr><td>2</td><td></td><td></td><td></td><td></td><td colspan="2"></td></tr>
<tr><td>3</td><td></td><td></td><td></td><td></td><td colspan="2"></td></tr>
<tr><td>4</td><td></td><td></td><td></td><td></td><td colspan="2"></td></tr>
<tr><td>5</td><td></td><td></td><td></td><td></td><td colspan="2"></td></tr>
<tr><td>1</td><td></td><td></td><td></td><td></td><td colspan="2"></td></tr>
<tr><td>2</td><td></td><td></td><td></td><td></td><td colspan="2"></td></tr>
<tr><td>3</td><td></td><td></td><td></td><td></td><td colspan="2"></td></tr>
<tr><td>4</td><td></td><td></td><td></td><td></td><td colspan="2"></td></tr>
<tr><td>5</td><td></td><td></td><td></td><td></td><td colspan="2"></td></tr>
<tr><td>1</td><td></td><td></td><td></td><td></td><td colspan="2"></td></tr>
<tr><td>2</td><td></td><td></td><td></td><td></td><td colspan="2"></td></tr>
<tr><td>3</td><td></td><td></td><td></td><td></td><td colspan="2"></td></tr>
<tr><td>4</td><td></td><td></td><td></td><td></td><td colspan="2"></td></tr>
<tr><td>5</td><td></td><td></td><td></td><td></td><td colspan="2"></td></tr>
<tr><td>方案评价</td><td colspan="7">评语：</td></tr>
<tr><td>班级</td><td></td><td>组长签字</td><td></td><td>教师签字</td><td></td><td colspan="2">月　　日</td></tr>
</table>

作 业 单

学习领域	焊接自动化技术及应用		
学习情境 2	半自动焊接小车控制系统的设计与调试	学时	12 学时
任务 2.1	热切割小车控制系统的设计与调试	学时	6 学时
作业方式	小组分析、个人解答、现场批阅、集体评判		
1	CG1-30 型小车的结构和功能是什么？		
2	简述热切割小车控制系统的设计与调试方案。		

作业评价：

班级		组号		组长签字	
学号		姓名		教师签字	
教师评分		日期			

检　查　单

<table>
<tr><td>学习领域</td><td colspan="4">焊接自动化技术及应用</td></tr>
<tr><td>学习情境 2</td><td colspan="2">半自动焊接小车控制系统的设计与调试</td><td>学时</td><td>12 学时</td></tr>
<tr><td>任务 2.1</td><td colspan="2">热切割小车控制系统的设计与调试</td><td>学时</td><td>6 学时</td></tr>
<tr><td>序号</td><td>检查项目</td><td>检查标准</td><td>学生自查</td><td>教师检查</td></tr>
<tr><td>1</td><td>任务书阅读与分析，正确理解及描述目标要求</td><td>准确理解任务要求</td><td></td><td></td></tr>
<tr><td>2</td><td>与同组同学协商，确定人员分工</td><td>较强的团队协作能力</td><td></td><td></td></tr>
<tr><td>3</td><td>查阅资料能力</td><td>较强的资料检索能力</td><td></td><td></td></tr>
<tr><td>4</td><td>资料的阅读、分析和归纳能力</td><td>较强的分析报告撰写能力</td><td></td><td></td></tr>
<tr><td>5</td><td>热切割小车控制系统设计和调试</td><td>正确设计和调试系统</td><td></td><td></td></tr>
<tr><td>6</td><td>安全操作</td><td>符合“5S”要求</td><td></td><td></td></tr>
<tr><td>7</td><td>故障的分析诊断能力</td><td>故障处理得当</td><td></td><td></td></tr>
<tr><td>检查
评价</td><td colspan="4">评语：</td></tr>
</table>

<table>
<tr><td>班级</td><td></td><td>组号</td><td></td><td>组长签字</td><td></td></tr>
<tr><td>教师签字</td><td colspan="3"></td><td>日期</td><td></td></tr>
</table>

评　价　单

<table>
<tr><td>学习领域</td><td colspan="7">焊接自动化技术及应用</td></tr>
<tr><td>学习情境 2</td><td colspan="5">半自动焊接小车控制系统的设计与调试</td><td>学时</td><td>12 学时</td></tr>
<tr><td>任务 2.1</td><td colspan="5">热切割小车控制系统的设计与调试</td><td>学时</td><td>6 学时</td></tr>
<tr><td>考核项目</td><td>考核内容及要求</td><td>分值</td><td>学生自评</td><td>小组评分</td><td>教师评分</td><td colspan="2">实得分</td></tr>
<tr><td>资讯（20%）</td><td>正确回答引导问题</td><td>20</td><td>30%</td><td>—</td><td>70%</td><td colspan="2"></td></tr>
<tr><td>计划（30%）</td><td>设计和规划完成方法和步骤，形成初步方案</td><td>30</td><td>30%</td><td>—</td><td>70%</td><td colspan="2"></td></tr>
<tr><td rowspan="2">决策（20%）</td><td>展示本组的初步方案（10%）</td><td>10</td><td>—</td><td>30%</td><td>70%</td><td colspan="2"></td></tr>
<tr><td>组间讨论确定实施方案（10%）</td><td>10</td><td>—</td><td>30%</td><td>70%</td><td colspan="2"></td></tr>
<tr><td>实施（10%）</td><td>按照方案执行情况（10%）</td><td>10</td><td>30%</td><td>—</td><td>70%</td><td colspan="2"></td></tr>
<tr><td rowspan="3">检查（20%）</td><td>操作过程规范性（5%）</td><td>5</td><td>30%</td><td></td><td>70%</td><td colspan="2"></td></tr>
<tr><td>正确展示成果（10%）</td><td>10</td><td>30%</td><td></td><td>70%</td><td colspan="2"></td></tr>
<tr><td>正确评价（5%）</td><td>5</td><td>30%</td><td></td><td>70%</td><td colspan="2"></td></tr>
<tr><td>评价评语</td><td colspan="7"></td></tr>
<tr><td>班级</td><td></td><td>组号</td><td></td><td>学号</td><td></td><td>总评</td><td></td></tr>
<tr><td>教师签字</td><td colspan="2"></td><td>组长签字</td><td colspan="2"></td><td>日期</td><td></td></tr>
</table>

任务 2.2　带焊枪摆动功能的焊接小车控制系统的设计与调试

任　务　单

<table>
<tr><td>学习领域</td><td colspan="5">焊接自动化技术及应用</td></tr>
<tr><td>学习情境 2</td><td colspan="3">半自动焊接小车控制系统的设计与调试</td><td>学时</td><td>12 学时</td></tr>
<tr><td>任务 2.2</td><td colspan="3">带焊枪摆动功能的焊接小车控制系统的设计与调试</td><td>学时</td><td>6 学时</td></tr>
<tr><td colspan="6">布置任务</td></tr>
<tr><td>工作目标</td><td colspan="5">合理选择程序框图结构，合理创建控制系统前面板，完成程序框图的构建，并成功调试、运行，实现带焊枪摆动功能的焊接小车系统的显示和控制。</td></tr>
<tr><td>任务描述</td><td colspan="5">科学地分析带焊枪摆动功能的焊接小车控制系统的特点，合理选择程序结构，应用 LabVIEW 虚拟仪器技术进行控制系统前面板设计、程序框图设计、程序调试和运行，最终获得完整的 LabVIEW 项目，实现系统显示和控制。</td></tr>
<tr><td>任务分析</td><td colspan="5">各小组对任务进行分析、讨论，并根据收集的信息了解控制系统实现的功能，掌握基本的控制原理，利用 LabVIEW 软件进行虚拟控制系统设计并调试。
需要查找的内容有：
1. 步进电动机控制原理。
2. 如何应用 LabVIEW 实现步进电动机控制。
3. 事件结构、数组数据的创建和应用。</td></tr>
<tr><td>学时安排</td><td>资讯
2 学时</td><td>计划
1 学时</td><td>决策
0.5 学时</td><td>实施
2 学时</td><td>检查评价
0.5 学时</td></tr>
<tr><td>提供资料</td><td colspan="5">1. 胡绳荪．焊接自动化技术及其应用．北京：机械工业出版社，2007.
2. 王秀萍等．LabVIEW 与 NI-ELVIS 实验教程．杭州：浙江大学出版社，2012.
3. 秦益霖，李晴．虚拟仪器应用技术项目教程．北京：中国铁道出版社，2010.
4. 李江全等．LabVIEW 虚拟仪器从入门到测控应用 130 例．北京：电子工业出版社，2013.</td></tr>
<tr><td>对学生的要求</td><td colspan="5">1. 能对任务书进行分析，能正确理解和描述目标要求。
2. 具备独立思考、善于提问的学习习惯。
3. 具备查询资料的能力以及严谨求实和开拓创新的学习态度。
4. 具备团队协作、爱岗敬业的精神。
5. 具备一定的创新思维和勇于创新的精神。</td></tr>
</table>

资　讯　单

学习领域	焊接自动化技术及应用		
学习情境2	半自动焊接小车控制系统的设计与调试	学时	12学时
任务2.2	带焊枪摆动功能的焊接小车控制系统的设计与调试	学时	6学时
资讯方式	实物、参考资料		
资讯问题	1. 步进电动机的控制原理是什么？ 2. 步进电动机控制程序实现哪些功能？ 3. 如何创建事件结构？ 4. 如何设置事件结构的超时端口？ 5. 如何添加事件结构的事件分支？ 6. 如何创建数组数据？ 7. 如何给数组赋值？ 8. 如何转换数组数据类型？		
资讯引导	资讯问题1、2可参考《焊接自动化技术及其应用》（胡绳荪）。 资讯问题3、4、5可参考《LabVIEW虚拟仪器从入门到测控应用130例》（李江全等）。 咨询问题6、7、8可参考《LabVIEW与NI-ELVIS实验教程——入门与进阶》（王秀萍等）。		

信 息 单

2.2.1 步进电动机的结构与工作原理

每输入一个电脉冲，电动机就转动一个角度、前进一步；脉冲一个一个地输入，电动机便一步一步地转动，这种电动机称为步进电动机。步进电动机输出的角位移与输入的脉冲数成正比，其转速与输入脉冲频率成正比。控制输入脉冲数量、频率及电动机各相绕组的通电顺序，就可以得到各种需要的运行特性。

1. 步进电动机的基本结构与分类

和一般旋转电动机一样，步进电动机分为定子和转子两大部分。定子由硅钢片叠成，装上一定相数的控制绕组，由输入电脉冲对多相定子绕组轮流进行励磁；转子用硅钢片叠成或用软磁性材料做成凸极结构。

步进电动机种类繁多，通常使用的有永磁式步进电动机、反应式步进电动机和混合式步进电动机。

（1）永磁式步进电动机　永磁式步进电动机的转子是用永磁材料制成的，转子本身就是一个磁源。它的输出转矩大，动态性能好。转子的极数与定子的极数相同，所以步距角（即步进电动机每步转过的角度）一般较大（90°或45°），需供给正负脉冲信号。

（2）反应式步进电动机　反应式步进电动机的转子是由软磁材料制成的，转子中没有绕组。它的结构简单，成本低，步距角可以做得很小，通常使用的步距角为0.9°、1.8°及3.6°，但动态性能较差。

（3）混合式步进电动机　混合式步进电动机综合了反应式和永磁式两者的优点，它的输出转矩大，动态性能好，步距角小，但结构复杂，成本较高。

2. 步进电动机的工作原理

反应式步进电动机应用最广，下面以它为例，分析步进电动机的工作原理。

电动机定子上有六个磁极（大极），每两个相对的磁极（N极、S级）组成一对，共有三对。每对磁极都缠有同一绕组，形成一相。三对磁极有三个绕组，形成三相；四相步进电动机有四对磁极、四组绕组；五相步进电动机有五对磁极、五相绕组；以此类推。

在定子磁极的极弧上开有许多小齿，它们大小相同、间距相同。转子沿圆周上也有均匀分布的小齿，这些小齿与定子磁极上的小齿的齿距相同、形状相似。

由于小齿的齿距相同，因此不管是定子还是转子，齿距角 θ_z 的计算公式为

$$\theta_z = \frac{360^\circ}{z} \tag{2-4}$$

式中　z——转子的齿数。

反应式步进电动机运动的动力来自电磁力。在电磁力的作用下，转子被强行推动到最大磁导率（即最小磁阻）的位置，并处于平衡状态。对于三相步进电动机来说，当某一相的磁极处于最大磁导率位置时，另外两相必然处于非最大磁导率位置。

把定子小齿与转子小齿对齐的状态称为对齿；把定子小齿与转子小齿不对齐的状态称为错齿。错齿的存在是步进电动机能够旋转的前提条件。因此，在步进电动机的结构中必须保证有错齿存在，也就是说，当某一相处于对齿状态时，其他相必须处于错齿状态。错齿的距离与步进电动机的相数有关。对于三相步进电动机来说，当A相的定子小齿和转子小齿对

齐时，B相的定子小齿相对转子小齿沿顺时针方向错开1/3齿距（即3°），而C相的定子小齿相对于转子小齿沿顺时针方向错开2/3齿距。即当一组磁极的定子与转子的小齿相对时，下一相磁极的定子与转子的小齿的位置应错开转子齿距的$1/m$（m为相数）。

定子的齿距角与转子相同，所不同的是，转子的齿是圆周分布的，而定子的齿只分布在磁极上，属于不完全齿。当某一相处于对齿状态时，该相磁极上的定子的所有小齿都与转子上的小齿对齐。

如果处于错齿状态的相通电，则转子在电磁力的作用下，将向磁导率最大的位置转动，即向趋于对齿的状态转动。步进电动机就是基于这一原理转动的。

3. 步进电动机的控制模型

三相步进电动机可以工作在单三拍、双三拍或六拍状态，但出于对运行平稳性、减小步距角和噪声等方面的考虑，三相步进电动机通常采用的是三相六拍的工作方式。根据以上步进电动机的工作原理，结合实际应用中对步进电动机的要求，其具体的控制要求如下：

（1）正反转控制　要求在停机状态时，能够实现步进电动机的正转或反转起动。

（2）运行速度调节　通过对步进电动机输入脉冲频率的调节来实现调速。在停机状态时，能够实现步进电动机的高速起动或低速起动，降速过程是升速过程的逆过程。在运行过程中可以实时改变步进电动机的旋转速度。

（3）操作方式可选　由于实际工作环境复杂多变，在设计控制系统时，对步进电动机提出了更高的要求，它能够提供手动控制和自动运行两种工作方式：①手动控制方式。即实现步进电动机的点动运行，操作人员通过脉冲输出按钮来控制步进电动机的旋转速度和转动位置。在运转的过程中可以灵活控制步进电动机的旋转方向。②自动运行方式。步进电动机按照起动前设定的运行频率和旋转方向自动运行，在运行过程中可以随时改变运行频率和旋转方向，也能够暂停步进电动机运行；通过停止按钮可以结束整个运行。

（4）实现定步方向切换旋转　操作人员可以设定一个角度，当步进电动机旋转到这个位置时就自动反转方向继续运行。也可以设置在两端位置的停留时间，停留时间到时后，反向运转。

4. 控制方式的数学模型

由三相反应式步进电动机的工作原理可知，步进电动机采用三相六拍的工作方式时，若按照“A→AB→B→BC→C→CA→A”的通电顺序给A、B、C三相提供输入脉冲，步进电动机将沿逆时针方向旋转，每步转过的角度是1.5°。如果实现步进电动机反向旋转，只需要按照改变步进电动机的通电顺序即可，如图2-6和图2-7所示。

A → AB → B → BC → C → CA → A

图2-6　正转的通电顺序

A → CA → C → BC → B → AB → A

图2-7　反转的通电顺序

2.2.2　基于LabVIEW的步进电动机控制程序设计与仿真

根据对步进电动机的具体控制要求，结合程序设计的一般方法，绘制控制系统流程图，如图2-8所示。根据各模块的功能设计子VI，并通过主程序调用各个子VI，完成整个系统的设计，最后通过仿真调试完善控制要求。

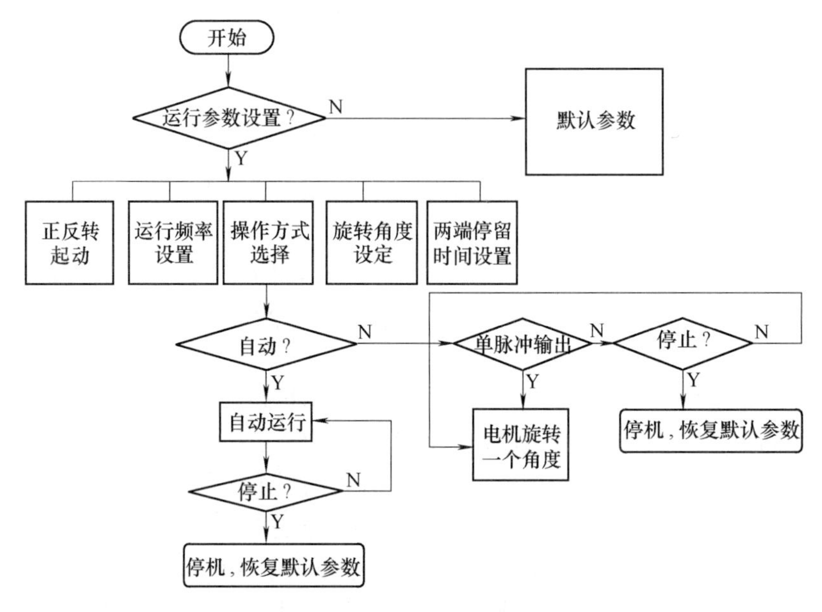

图 2-8　控制系统流程图

根据控制系统流程图及其功能设计控制系统的前面板。前面板分为输入控制和输出控制两部分。输入控制部分设置两组布尔量指示灯控件，分别用来显示正反转时三相输出控制序列；两个选择开关控件用来选择工作方式为手动控制或自动运行；数值输入控件用来设置和改变步进电动机运行时的频率值等。

2.2.3　事件结构

在本任务中，需要依靠前面板输入相应的控制选项，需要通过追踪鼠标的操作等执行相应的程序，这时就需要用到事件结构。事件结构也是一种可改变数据流执行方式的结构。使用事件结构可实现用户在前面板的操作（事件）与程序执行的互动。

1. 事件驱动的概念

LabVIEW 的程序设计主要是基于一种数据流驱动方式进行的。这种驱动方式的含义是将整个程序看作一个数据流的通道，数据按照程序流程从控制量到显示量流动。在这种结构中，顺序、分支和循环等流程控制函数对数据流的流向起着十分重要的作用。

数据流驱动的方式在图形化的编程语言中有其独特的优势，这种方式可以形象地表现出图标之间的相互关系及程序的流程，使程序流程简单明了，结构化特征很强。但是数据流驱动的方式也有其缺点和不尽完善之处，由于它过分依赖程序的流程，使得很多代码用在了对其流程的控制上，这在一定程度上增加了程序的复杂性，降低了其可读性。

"面向对象技术"的诞生使得这种局面得到改善。"面向对象技术"引入的一个重要概念就是"事件驱动"的方式。在这种驱动方式中，系统会等待并响应用户或其他触发事件的对象发出的消息。这时，用户就不必在研究数据流的走向上花费很大的精力，而把主要的精力用于编写"事件驱动程序"——即对事件进行响应。这在一定程度上减轻了用户编写代码进行程序流程控制的负担。

LabVIEW 在编程中可以设置某些事件对数据流进行干预。这些事件就是用户在前面板的互动操作。例如，单击鼠标产生的鼠标事件、按下键盘产生的键盘事件等。

在事件驱动程序中，首先是等待事件发生，然后按照对应指定事件的程序代码对事件进行响应，以后再回到等待事件状态。在 LabVIEW 中，如果需要进行用户和程序间的互动操作，可以用事件结构实现。使用事件结构，程序可以响应用户在前面板上的一些操作，如按下某个按钮、改变窗体大小、退出程序等。

2. 事件结构的创建

LabVIEW 中的事件结构位于函数选板中的结构子选板中。与其他几种具有结构化特征并采用数据流驱动方式用于程序流程控制的机制不同，事件结构具有面向对象的特征，用事件驱动的方式控制程序流程。

事件结构的图标外形与条件结构极其相似，但是事件结构可以只有一个子框图，这个子框图可以设置为响应多个事件；也可以建立多个子框图，设置为分别响应各自的事件。在程序框图中，放置事件结构的方法、结构边框的自动增长、边框大小的手动调整等与其他结构是一样的。

图 2-9 所示为刚放入程序框图中的事件结构图标，其中包括超时端口、子框图标识符和事件数据节点三个元件。

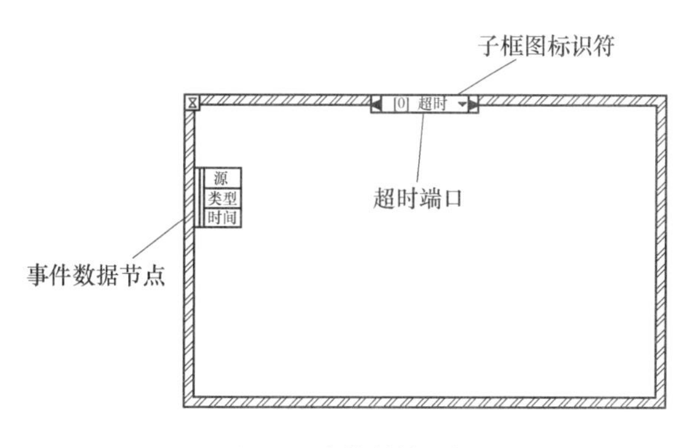

图 2-9　事件结构图标

这时，LabVIEW 已经为用户建立了一个默认的事件——超时，事件的名称显示在事件结构图框的上方。为事件结构编写程序主要分为两个部分：首先，为事件结构建立事件列表，列表中的所有事件都会显示在事件结构图框的上方；其次，为每一个事件编写驱动程序，即编写对每一个事件的响应代码。

超时端口用于连接一个数值指定等待事件的毫秒数。默认值为 -1，即无限等待。若超过设置的时间没有发生事件，LabVIEW 就会产生一个超时事件。可以设置一个处理超时事件的子框图。

事件数据节点用于访问事件数据值。可以缩放事件数据节点显示多个事件数据项。右键单击事件数据项，在弹出的快捷菜单中可以选择访问某个事件数据成员。

右键单击事件结构边框，在弹出的快捷菜单中选择“添加事件分支”命令，可以添加子框图。右键单击事件结构边框，在弹出的菜单中选择“编辑本分支所处理的事件”命令，可以为子框图设置事件。

2.2.4　数组数据的创建和应用

由于程序中步进电动机的信号状态可以通过数组进行赋值，因此需要了解数组数据的创建和应用知识。

1. 数组的组成

LabVIEW 中的数组是由同一类型数据元素组成的大小可变的集合，这些元素可以是数值型、布尔型、字符型等各种类型，也可以是簇，但不能是数组。这些元素必须同时都是输入控件或同时都是显示控件。前面板的数组对象往往由一个盛放数据的容器和数据本身构成，在后面板上则体现为一个一维或多维矩阵。

数组可以是一维的，也可以是多维的。一维数组是一行或一列数据，可以描绘平面上的一条曲线。二维数组是由若干行和列数据组成的，可以在一个平面上描绘多条曲线。三维数组由若干页组成，每一页是一个二维数组。

LabVIEW 是图形化编程语言，因此，LabVIEW 中数组的表现形式与其他语言有所不同，数组由三部分组成：数据类型、数据索引和数据，其中数据类型隐含在数据中，如图 2-10 所示。在数组中，数组元素位于右侧的数组框架中，按照元素索引由小到大的顺序，从左至右或从上至下排列，图 2-10 仅显示了数组元素从左至右排列时的情形。数组左侧为索引显示，其中的索引值是位于数组框架中最左面或最上面元素的索引值。数组中能够显示的数组元素个数是有限的，用户通过索引显示可以很容易地查看数组中的任何一个元素。

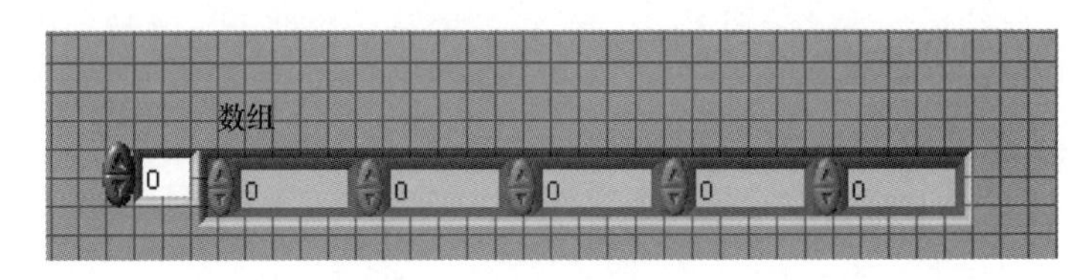

图 2-10　一维数组的组成

对数组成员的访问是通过数组索引进行的，数组中的每一个数组成员都有其唯一的索引值，可以通过索引值来访问数组中的数据。索引值的范围是 $0 \sim n-1$，n 是数组成员的数目。例如，图 2-11 所示二维数组里的数值 4 的行索引值是 1，列索引值为 3。LabVIEW 中的数组比其他编程语言灵活。例如，C 语言中，在使用一个数组时，必须首先定义该数组的长度，但 LabVIEW 不必如此，它会自动确定数组的长度。数组中元素的数据类型必须完全相同，如都是无符号的 16 位整数或都是布尔型等。

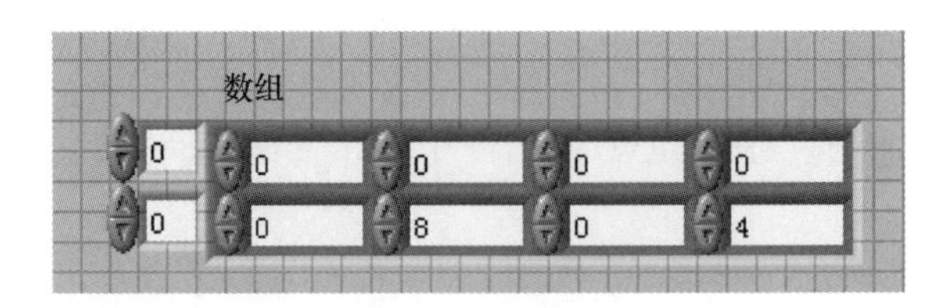

图 2-11　二维数组的组成

2. 数组数据的创建

在 LabVIEW 中，可以用多种方法来创建数组数据。其中常用的有以下三种方式：第一，在前面板上创建数组数据；第二，在程序框图中创建数组数据；第三，用函数、VIs 及 Express VIs 动态生成数组数据。

（1）在前面板上创建数组　在前面板上设计时，数组的创建分两步进行：

第一步，从控件选板的数组、矩阵与簇子选板中选择数组框架。注意：此时创建的只是一个数组框架，不包含任何内容，对应在程序框图中的端口只是一个黑色中空的矩形图标。

第二步，根据需要将相应数据类型的前面板对象放入数组框架中。可以直接从控件选板中选择对象放入数组框架内，也可以把前面板上已有的对象拖入数组框架内。这个数组的数据类型及属性（输入控件或显示控件）完全取决于放入的对象。

将一个数值量输入控件放入数组框架，就创建了一个数值类型数组。

数组在创建之初都是一维数组，如果需要创建一个多维数组，则需要把定位工具放在数组索引框任意一角并轻微移动，向上或向下拖动鼠标指针增加索引框数量，就可以增加数组的维数；或者在索引框的右键快捷菜单中选择“添加维度”命令，就可以变为二维数组。此时在左侧就会出现两个索引框，上面一个是行索引，下面一个是列索引。将鼠标指针放在数组索引框左侧时，不仅可以上下拖动增加索引框数量，还可以向左拖动扩大索引框面积。刚刚创建的数组只显示一个成员，如果需要显示更多的数组成员，则需要把定位工具放在数组数据显示区的任意一角，当鼠标指针的形状变成网状折角时，向任意方向拖动增加数组成员数量，就可以显示更多数据。

（2）在程序框图中创建数组常量　在程序框图中创建数组常量最常见的方法类似于在前面板上创建数组。即先从函数选板的数组子选板中选择数组常量对象并放到程序框图窗口中，然后根据需要选择一个数据常量放到空数组中。

（3）数组成员赋值　对于空数组，从外观上看数组成员都显示为灰色，根据需要用操作工具或定位工具为数组成员逐个赋值。若跳过前面的成员为后面的成员赋值，则前面成员根据数据类型自动赋一个空值，例如 0、F 或空字符串。为数组赋值后，在赋值范围以外的成员显示仍然是灰色的。

其他创建数组的方法包括用数组函数创建数组；用某些 VI 的输出参数创建数组；用程序结构创建数组。

3. 数组数据的使用

在程序框图设计中，对一个数组进行操作，无非是求数组的长度、对数据排序、取出数组中的元素、替换数组中的元素或初始化数组等。传统编程语言主要依靠各种数组函数来实现这些运算，而在 LabVIEW 中，这些函数是以功能函数节点的形式来表现的。

计 划 单

<table>
<tr><td>学习领域</td><td colspan="5">焊接自动化技术及应用</td></tr>
<tr><td>学习情境2</td><td colspan="3">半自动焊接小车控制系统的设计与调试</td><td>学时</td><td>12学时</td></tr>
<tr><td>任务2.2</td><td colspan="3">带焊枪摆动功能的焊接小车控制系统的设计与调试</td><td>学时</td><td>6学时</td></tr>
<tr><td>计划方式</td><td colspan="5">小组讨论</td></tr>
<tr><td>序号</td><td colspan="2">实施步骤</td><td colspan="3">使用资源</td></tr>
<tr><td></td><td colspan="2"></td><td colspan="3"></td></tr>
<tr><td></td><td colspan="2"></td><td colspan="3"></td></tr>
<tr><td></td><td colspan="2"></td><td colspan="3"></td></tr>
<tr><td></td><td colspan="2"></td><td colspan="3"></td></tr>
<tr><td></td><td colspan="2"></td><td colspan="3"></td></tr>
<tr><td></td><td colspan="2"></td><td colspan="3"></td></tr>
<tr><td></td><td colspan="2"></td><td colspan="3"></td></tr>
<tr><td></td><td colspan="2"></td><td colspan="3"></td></tr>
<tr><td>制订计划
说明</td><td colspan="5"></td></tr>
<tr><td>计划评价</td><td colspan="5">评语：</td></tr>
<tr><td>班级</td><td></td><td>第　　组</td><td>组长签字</td><td colspan="2"></td></tr>
<tr><td>教师签字</td><td colspan="2"></td><td>日期</td><td colspan="2"></td></tr>
</table>

决　策　单

<table>
<tr><td>学习领域</td><td colspan="7">焊接自动化技术及应用</td></tr>
<tr><td>学习情境 2</td><td colspan="5">半自动焊接小车控制系统的设计与调试</td><td>学时</td><td>12 学时</td></tr>
<tr><td>任务 2. 2</td><td colspan="5">带焊枪摆动功能的焊接小车控制系统的设计与调试</td><td>学时</td><td>6 学时</td></tr>
<tr><td colspan="6">方案讨论</td><td>组号</td><td></td></tr>
<tr><td rowspan="16">方案决策</td><td>组别</td><td>步骤
顺序性</td><td>步骤
合理性</td><td>实施可
操作性</td><td>选用工具
合理性</td><td colspan="2">方案综合评价</td></tr>
<tr><td>1</td><td></td><td></td><td></td><td></td><td colspan="2"></td></tr>
<tr><td>2</td><td></td><td></td><td></td><td></td><td colspan="2"></td></tr>
<tr><td>3</td><td></td><td></td><td></td><td></td><td colspan="2"></td></tr>
<tr><td>4</td><td></td><td></td><td></td><td></td><td colspan="2"></td></tr>
<tr><td>5</td><td></td><td></td><td></td><td></td><td colspan="2"></td></tr>
<tr><td>1</td><td></td><td></td><td></td><td></td><td colspan="2"></td></tr>
<tr><td>2</td><td></td><td></td><td></td><td></td><td colspan="2"></td></tr>
<tr><td>3</td><td></td><td></td><td></td><td></td><td colspan="2"></td></tr>
<tr><td>4</td><td></td><td></td><td></td><td></td><td colspan="2"></td></tr>
<tr><td>5</td><td></td><td></td><td></td><td></td><td colspan="2"></td></tr>
<tr><td>1</td><td></td><td></td><td></td><td></td><td colspan="2"></td></tr>
<tr><td>2</td><td></td><td></td><td></td><td></td><td colspan="2"></td></tr>
<tr><td>3</td><td></td><td></td><td></td><td></td><td colspan="2"></td></tr>
<tr><td>4</td><td></td><td></td><td></td><td></td><td colspan="2"></td></tr>
<tr><td>5</td><td></td><td></td><td></td><td></td><td colspan="2"></td></tr>
<tr><td>方案评价</td><td colspan="7">评语：</td></tr>
<tr><td>班级</td><td></td><td>组长签字</td><td></td><td>教师签字</td><td></td><td colspan="2">月　日</td></tr>
</table>

作 业 单

学习领域	焊接自动化技术及应用		
学习情境 2	半自动焊接小车控制系统的设计与调试	学时	12 学时
任务 2. 2	带焊枪摆动功能的焊接小车控制系统的设计与调试	学时	6 学时
作业方式	小组分析、个人解答、现场批阅、集体评判		
1	步进电动机的控制原理是什么?		
2	简述带焊枪摆动功能的焊接小车控制系统的设计方案。		

作业评价：

班级		组号		组长签字	
学号		姓名		教师签字	
教师评分		日期			

检 查 单

<table>
<tr><td>学习领域</td><td colspan="4">焊接自动化技术及应用</td></tr>
<tr><td>学习情境 2</td><td colspan="2">半自动焊接小车控制系统的设计与调试</td><td>学时</td><td>12 学时</td></tr>
<tr><td>任务 2.2</td><td colspan="2">带焊枪摆动功能的焊接小车控制系统的设计与调试</td><td>学时</td><td>6 学时</td></tr>
<tr><td>序号</td><td>检查项目</td><td>检查标准</td><td>学生自查</td><td>教师检查</td></tr>
<tr><td>1</td><td>任务书阅读与分析能力，正确理解及描述目标要求</td><td>准确理解任务要求</td><td></td><td></td></tr>
<tr><td>2</td><td>与同组同学协商，确定人员分工</td><td>较强的团队协作能力</td><td></td><td></td></tr>
<tr><td>3</td><td>查阅资料能力</td><td>较强的资料检索能力</td><td></td><td></td></tr>
<tr><td>4</td><td>资料的阅读、分析和归纳能力</td><td>较强的分析报告撰写能力</td><td></td><td></td></tr>
<tr><td>5</td><td>焊枪摆动控制系统的设计与调试</td><td>正确完成设计和调试</td><td></td><td></td></tr>
<tr><td>6</td><td>安全操作</td><td>符合“5S”要求</td><td></td><td></td></tr>
<tr><td>7</td><td>故障的分析诊断能力</td><td>故障处理得当</td><td></td><td></td></tr>
<tr><td>检查评价</td><td colspan="4">评语：</td></tr>
</table>

<table>
<tr><td>班级</td><td></td><td>组号</td><td></td><td>组长签字</td><td></td></tr>
<tr><td>教师签字</td><td colspan="3"></td><td>日期</td><td></td></tr>
</table>

评 价 单

<table>
<tr><td>学习领域</td><td colspan="6">焊接自动化技术及应用</td></tr>
<tr><td>学习情境 2</td><td colspan="4">半自动焊接小车控制系统的设计与调试</td><td>学时</td><td>12 学时</td></tr>
<tr><td>任务 2. 2</td><td colspan="4">带焊枪摆动功能的焊接小车控制系统的设计与调试</td><td>学时</td><td>6 学时</td></tr>
<tr><td>考核项目</td><td>考核内容及要求</td><td>分值</td><td>学生自评</td><td>小组评分</td><td>教师评分</td><td>实得分</td></tr>
<tr><td>资讯（20%）</td><td>正确回答引导问题</td><td>20</td><td>30%</td><td>—</td><td>70%</td><td></td></tr>
<tr><td>计划（30%）</td><td>设计和规划完成方法和步骤，形成初步方案</td><td>30</td><td>30%</td><td>—</td><td>70%</td><td></td></tr>
<tr><td rowspan="2">决策（20%）</td><td>展示本组的初步方案（10%）</td><td>10</td><td>—</td><td>30%</td><td>70%</td><td></td></tr>
<tr><td>组间讨论确定实施方案（10%）</td><td>10</td><td>—</td><td>30%</td><td>70%</td><td></td></tr>
<tr><td>实施（10%）</td><td>按照方案执行情况（10%）</td><td>10</td><td>30%</td><td>—</td><td>70%</td><td></td></tr>
<tr><td rowspan="3">检查（20%）</td><td>操作过程规范性（5%）</td><td>5</td><td>30%</td><td></td><td>70%</td><td></td></tr>
<tr><td>正确展示成果（10%）</td><td>10</td><td>30%</td><td></td><td>70%</td><td></td></tr>
<tr><td>正确评价（5%）</td><td>5</td><td>30%</td><td></td><td>70%</td><td></td></tr>
<tr><td>评价评语</td><td colspan="6"></td></tr>
<tr><td>班级</td><td></td><td>组号</td><td></td><td>学号</td><td>总评</td><td></td></tr>
<tr><td>教师签字</td><td colspan="2"></td><td>组长签字</td><td></td><td>日期</td><td></td></tr>
</table>

学习情境3

环缝自动焊接控制系统的设计与调试

【工作目标】

通过本任务的学习，学生应具有以下的能力：

1. 使用可编程控制器实现单工位环缝自动焊接控制系统的能力。
2. 使用可编程控制器实现双工位环缝自动焊接控制系统的能力。
3. 绘制接线图的能力。
4. 绘制控制系统梯形图的能力。
5. 编写 PLC 控制语句的能力。
6. 科学地分析问题、解决问题的能力。
7. 良好的表达能力和较强的沟通与团队合作能力。

【工作任务】

1. 确定单工位环缝自动焊接 PLC 的 I/O 安排，并给出安排表。
2. 绘制单工位环缝自动焊接控制系统的接线图。
3. 绘制单工位环缝自动焊接控制系统的梯形图。
4. 确定单工位环缝自动焊接控制系统的控制语句列表。
5. 确定双工位环缝自动焊接 PLC 的 I/O 安排，并给出安排表。
6. 绘制双工位环缝自动焊接控制系统的接线图。
7. 绘制双工位环缝自动焊接控制系统的梯形图。
8. 确定双工位环缝自动焊接控制系统的控制语句列表。

【情境导入】

环缝焊接专机因其焊接质量好、性能稳定、操作方便、效率高等优点，广泛应用于管道、容器焊接中。

图 3-1 所示为一台环缝焊接的自动焊接专机。该设备要求人工上料，气动装夹，工件的旋转和焊接电源的起动与停止为自动控制。

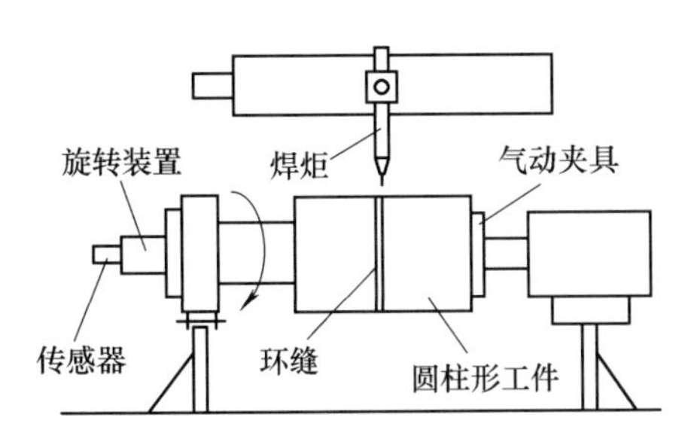

图 3-1　环缝焊接的自动焊接专机

为了实现高效焊接，往往需要多工位配合。图 3-2 所示为焊接工位自动转换示意图。该装置将位置传感器固定在焊接机头上。工件在装卸工件工位安装固定后，转盘带动工件旋转。当传感器检测到定位块时，转盘停转，工件到达焊接位置。工件焊接的同时，在装卸工件工位进行工件的更换；焊接完成后，再进行工位的转换。同理，可以根据需要进行多个工位的转换控制。

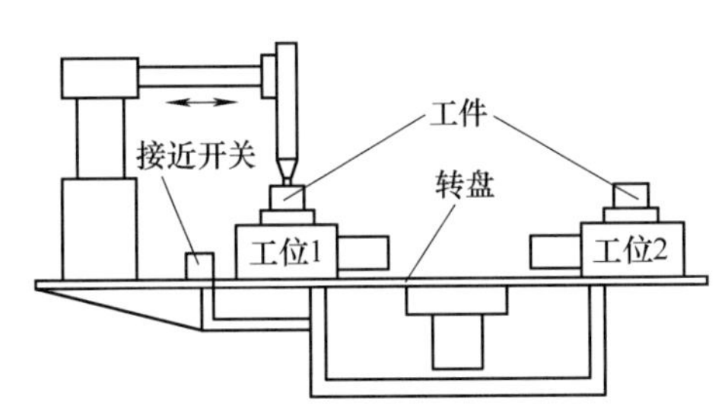

图 3-2　焊接工位自动转换示意图（双工位）

任务 3.1　单工位环缝自动焊接控制系统的设计与调试

任　务　单

<table>
<tr><td>学习领域</td><td colspan="5">焊接自动化技术及应用</td></tr>
<tr><td>学习情境 3</td><td colspan="3">环缝自动焊接控制系统的设计与调试</td><td>学时</td><td>12 学时</td></tr>
<tr><td>任务 3.1</td><td colspan="3">单工位环缝自动焊接控制系统的设计与调试</td><td>学时</td><td>6 学时</td></tr>
<tr><td colspan="6">布置任务</td></tr>
<tr><td>工作目标</td><td colspan="5">分析单工位环缝自动焊接控制系统的特点，绘制单工位环缝自动焊接控制系统的接线图、控制系统梯形图，并编写控制语句。</td></tr>
<tr><td>任务描述</td><td colspan="5">分析单工位环缝自动焊接控制系统的特点，分析控制系统的工作流程，在具备应用可编程控制技术进行环缝自动焊接控制系统设计的基础上，绘制控制系统的接线图及梯形图，并编写控制语句，形成控制系统设计的一整套方案。</td></tr>
<tr><td>任务分析</td><td colspan="5">各小组对任务进行分析、讨论，并根据收集的信息了解控制系统实现的功能，在掌握 PLC（可编程控制器）的基本原理和指令的基础上进行电气控制系统的设计，绘制接线图、梯形图，编写控制语句。需要查找的内容有：
1. PLC 的结构、原理和指令。
2. 接线图的绘制方法。
3. 梯形图的编程规则。</td></tr>
<tr><td>学时安排</td><td>资讯
2 学时</td><td>计划
1 学时</td><td>决策
1 学时</td><td>实施
1.5 学时</td><td>检查评价
0.5 学时</td></tr>
<tr><td>提供资料</td><td colspan="5">1. 胡绳荪．焊接自动化技术及其应用．北京：机械工业出版社，2007.
2. 蒋力培，薛龙，邹勇．焊接自动化实用技术．北京：机械工业出版社，2010.
3. 向晓汉．三菱 FX 系列 PLC 完全精通教程．北京：化学工业出版社，2012.
4. 张伟林．电气控制与 PLC 综合应用技术．北京：人民邮电出版社，2007.</td></tr>
<tr><td>对学生的要求</td><td colspan="5">1. 能对任务书进行分析，能正确理解和描述目标要求。
2. 具备独立思考、善于提问的学习习惯。
3. 具备查询资料能力以及严谨求实和开拓创新的学习态度。
4. 具备一定的观察理解和判断分析能力。
5. 具备团队协作、爱岗敬业的精神。
6. 具备一定的创新思维和勇于创新的精神。</td></tr>
</table>

资　讯　单

<table>
<tr><td>学习领域</td><td colspan="3">焊接自动化技术及应用</td></tr>
<tr><td>学习情境 3</td><td>环缝自动焊接控制系统的设计与调试</td><td>学时</td><td>12 学时</td></tr>
<tr><td>任务 3.1</td><td>单工位环缝自动焊接控制系统的设计与调试</td><td>学时</td><td>6 学时</td></tr>
<tr><td>资讯方式</td><td colspan="3">实物、参考资料</td></tr>
<tr><td>资讯问题</td><td colspan="3">1. PLC 的硬件组成有哪些？
2. 如何绘制接线图？
3. 如何绘制梯形图？
4. 常用 PLC 指令有哪些？
5. 可编程控制器系统设计原则是什么？
6. 单工位环缝自动焊接控制系统的硬件配置是怎样的？
7. 单工位环缝自动焊接控制系统设计的步骤有哪些？</td></tr>
<tr><td>资讯引导</td><td colspan="3">资讯问题 1、2、3 可参考《三菱 FX 系列 PLC 完全精通教程》（向晓汉等）。
资讯问题 4 可参考《电气控制与 PLC 综合应用技术》（张伟林）及《焊接自动化技术及其应用》（胡绳荪）。
资讯问题 5、6、7 可参考《焊接自动化技术及其应用》（胡绳荪）。</td></tr>
</table>

信 息 单

可编程控制器（PLC）是以微处理器为核心，综合计算机技术、自动控制技术和通信技术发展起来的一种新型工业自动控制装置。它采用可编程存储器作为内部指令记忆装置，具有逻辑、排序、定时、计数及算术运算等功能，并通过数字或模拟输入输出模块控制各种形式的机器及过程。

3.1.1 可编程控制器的工作过程

1. PLC 的工作机制

PLC 采取扫描工作机制，即根据设计连载和重复地检测系统输入，求解当前的控制逻辑，修正系统的输出。在典型的 PLC 扫描机制中，I/O 服务处于扫描机制的末尾，也是扫描计时的组成部分，这种扫描称为同步扫描。扫描循环一周所用的时间为扫描时间。PLC 的扫描时间一般为 10～100ms。PLC 中一般都设有一个计时器，它测量每个扫描循环的长度，如果扫描时间越过预设的长度，便会激发临界警报。在同步扫描周期内，除去 I/O 扫描之外，还有服务程序、通信窗口、内部执行程序等。扫描工作机制是 PLC 与通用微处理机的基本区别之一。

2. PLC 的工作过程

图 3-3 所示为 PLC 与 I/O 装置连接原理图。输入信号由按钮开关、限位开关、继电器触点、传感器等各种开关装置产生，通过接口进入 PLC。它们经 PLC 处理产生控制信号，通过输出接口送给输出装置，如线圈、继电器、电动机及指示灯等。

PLC 的工作过程基本上就是用户程序的执行过程，是在系统软件的控制下顺次扫描各输入点的状态，按用户程序解算控制逻辑，然后顺序向外发出相应的控制信号。为提高工作的可靠性和及时接收外来信号，在每个扫描周期还要进行故障自诊断和处理、接收编辑器或计算机的通信请求等。

PLC 的工作过程一般是：上电初始化→与外部设备通信→输入现场状态→解算控制逻辑→输出结果→自诊断。

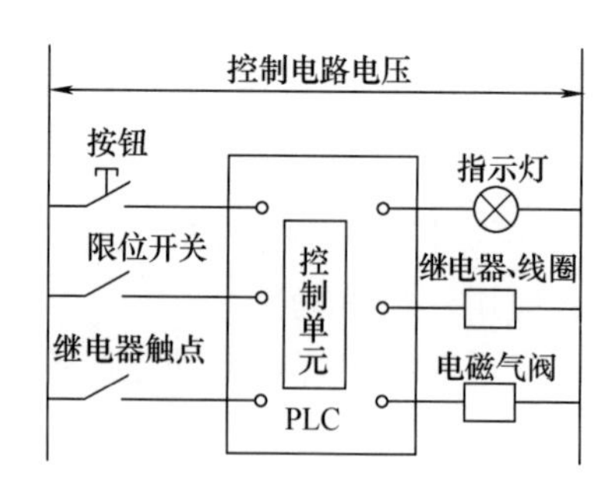

图 3-3 PLC 与 I/O 装置连接原理图

3.1.2 可编程控制器的硬件构成

1. PLC 的系统配置

PLC 是专为工业生产过程而设计的，实际上也是一种工业控制专用计算机，因此也包括硬件和软件两大部分。PLC 的系统配置大体有如下几种：

（1）基本配置　基本配置控制规模小，所用的模块也少。对于箱体式 PLC，则仅用一个 CPU 箱体，箱体内含有电源，内装 CPU 板、I/O 板及接线器、显示面板、内存块等；对于模块式 PLC，则有 CPU 模块、内存模块、电源模块、I/O 模块、底板或机架等。

（2）模块及底板或机架的配置　对于箱体式 PLC，除了 CPU 箱体，还有 I/O 扩展箱体。I/O 箱体只包含 I/O 板及电源，无 CPU 、内存。I/O 箱体有不同的规格和型号可供选择使用。

模块式 PLC 的扩展有两种：当地扩展和远程扩展。当地扩展只用一些仅安装有 I/O 模块及为保证其工作的其他模块的底板或机架。将它们接入基本配置后形成的 PLC，其控制规模较为可观。远程扩展所增加的机架可远离当地，近的有几十米或上百米，远的可达数千米。

（3）特殊配置　这里的特殊配置指的是除进行常规的开关量控制之外，还能进行有关模拟量控制或其他特殊使用的开关量控制的配置。这种配置要使用特殊的 I/O 模块（也叫功能模块）。这些模拟量可以是标准电流或电压信号，也可以是温度信号或其他信号；可以是只能读或写上端模拟量的模块，也可以是能按一定算法（如 P、I、D 算法）实现控制的模块，这种模块一般配有自身的 CPU，能实现智能控制，故也称为智能模块。

（4）冗余配置　冗余配置指的是除所需要的模块之外，还附加有多余模块的配置。如采用三冗余配置，即三套模块同时工作。这样配置的系统的故障率比无冗余配置的系统低得多。冗余配置多用于非常重要的场合。

除了以上四种配置，PLC 是否组网、如何组网，也是在配置时要考虑的重要方面。

2. PLC 基本配置的硬件构成

PLC 的基本配置由 CPU、I/O 扩展接口及外部设备组成。主机和扩展接口采用微处理机的结构形式。CPU 内部由运算器、控制器、存储器、输入单元、输出单元及接口等部分组成。

（1）CPU（中央处理器）　PLC 的 CPU 包括运算器和控制器。CPU 在 PLC 中的作用类似于人体的神经中枢，是 PLC 的运算、控制中心，用来实现逻辑运算、算术运算，并对全机进行控制。

（2）存储器　存储器简称内存，用于存储数据或程序。

（3）I/O（输入/输出）模块　I/O 模块是 CPU 与现场 I/O 设备或其他外部设备之间的连接部件。

3.1.3　可编程控制器的编程语言

PLC 是专为工业生产过程的自动控制而开发的通用控制器，其控制主要通过 PLC 特有的语言进行“软件编程”来实现。同普通计算机一样，PLC 也有其编译系统，它可以把编程语言中的文字符号和图形符号编译成机器代码。

1. 梯形图

梯形图在形式上类似于继电器控制电路。它是用各种图形符号连接而成的。这些图形符号分别表示常开触点、常闭触点、线圈和功能块等。梯形图中的每一个触点和线圈均对应于一个编号。不同机型的 PLC，其编号方法也不一样。

对于同一控制电路，继电器控制原理图和 PLC 梯形图的输入、输出信号基本相同，控制过程等效。二者的区别在于继电器控制原理图使用的是硬件继电器和定时器，靠硬件连接组成控制线路；而 PLC 梯形图使用的是内部继电器、定时器和计数器，靠软件实现控制。由此可见，PLC 的使用具有很高的灵活性，程序修改过程非常方便。

梯形图是各种 PLC 通用的编程语言。尽管各厂家所生产的 PLC 所使用的符号及编程元件的编号方法不尽相同，但梯形图的设计与编程方法基本上大同小异。这种语言形式所表达的逻辑关系简明、直接，是从继电器控制系统的电路图演变而来的。PLC 的梯形图编程语言隐含了很多功能强大且使用灵活的指令。它是融逻辑操作、控制于一体的一种面向对象的、实时的、图形化的编程语言。由于这种语言可完成全部控制功能，因此梯形图是 PLC 控制中应用最多的一种编程语言。

2. 助记符语言

助记符语言是 PLC 命令的语句表达式，类似于计算机汇编语言的形式，它用指令的助记符来编程。PLC 的助记符语言比一般的汇编语言通俗易懂。

PLC 控制中用梯形图编程虽然直观、简便，但它要求 PLC 配置具有 CRT 显示方式的台式编程器或采用计算机系统以及专用的编程与通信软件方可输入图形符号。这在有些小型机上常难以满足；或者受控制系统现场条件的限制，系统调试不方便，故常常需要借助助记符语言进行编程，然后通过简易的盒式编程器将助记符语言的程序输入到 PLC 中，进而调试、完善程序。简易的盒式编程器一般只能采用助记符语言进行编程。

不同型号的 PLC，其助记符语言不同，但其基本原理是相近的。

助记符语言的指令与梯形图指令有严格的对应关系，二者之间可以相互转化。编程时，一般先根据要求编制梯形图，然后再根据梯形图转换成助记符语言。

以日本三菱公司生产的 FX_{ON}系列 PLC 为例，对应的助记符语言如下：

LD　　X000（表示逻辑操作开始，常开触点与母线连接）

OR　　Y000（表示常开触点并联）

ANI　　X0001（表示常闭触点串联）

OUT　　Y000（表示输出）

由此可见，助记符语言编写的 PLC 程序是由若干条语句组成的，故又称其为语句表。在一般情况下，助记符语言中的每条指令由操作码和操作数两部分组成。操作码用助记符表示，又称为程序指令，表示 CPU 要完成某种操作；而操作数指定某种操作对象或所需数据，通常是编程元件的编号或常数。

语句是程序中的最小独立单元，每个操作由一条或几条语句来执行。每条语句表示给 CPU 一条指令，规定 CPU 如何操作。

3. 顺序功能图

顺序功能图（SFC）是一种描述顺序控制系统功能的图解表示法，主要由“步”“转移”及“有向线段”等元素组成。如果适当运用组成元素，就可得到控制系统的静态表示方法，再根据转移触发规则进行模拟系统的运行，就可得到控制系统的动态过程，并可以从运动中发现潜在的故障。

3.1.4 梯形图的编程规则

梯形图直观易懂，是 PLC 控制中应用最多的一种编程语言，往往可以与助记符语言语句表联合使用，完成 PLC 控制的软件设计。梯形图的编程规则如下：

1）在梯形图的某个逻辑行中，如果有多个串联支路并联，则串联触点多的支路应放在上面。如果将串联触点多的支路放在下方，则语句增多、程序变长。

2）在梯形图的某个逻辑行中，如果有多个并联支路串联，则并联触点多的支路应放在左方。如果将并联触点多的支路放在右方，则语句增多、程序变长。

3）在梯形图中没有实际电流流动，所谓“电流流动”是虚拟的。“电流”只能从上到下、从左到右单向“流动”。不允许一个触点上有双向“电流”通过。

4）设计梯形图时，输入继电器的触点状态全部按相应的输入设备为常开进行设计更为合适，不易出错。因此，也建议用输入设备的常开触点与 PLC 输入端连接。如果某些信号只能用常闭输入，可先按输入设备全部为常开来设计，然后将梯形图中对应的输入继电器触点取反（即常开改成常闭，常闭改成常开）。

3.1.5 可编程接制器控制系统的设计

1. 设计 PLC 控制系统的基本原则和内容

（1）基本原则

任何一种电气控制系统都是为了实现被控对象（生产设备或生产过程）的工艺要求，以提高生产效率和产品质量而设计的。为达到此目的，在设计 PLC 控制系统时，应遵循以下基本原则：

1）最大限度地满足被控对象的控制要求。

2）在满足控制要求的前提下，力求使控制系统简单、经济，使用及维修方便。

3）保证控制系统安全、可靠。

4）考虑到生产的发展（如工艺的改进），在选择 PLC 容量时，应适当留有余量。

（2）基本内容

PLC 控制系统是由 PLC 与用户输入、输出设备连接而成的。其设计的基本内容包括以下几点：

1）选择用户输入设备（操作开关、限位开关、传感器等），输出设备（继电器、接触器、信号灯、电磁阀等执行元件）以及由输出设备驱动的控制对象，如电动机等。

2）PLC 的选择。PLC 是 PLC 控制系统的核心部件。正确选择 PLC 对于保证整个控制系统的技术性能和经济指标起着重要的作用。选择 PLC 应包括机型、容量、I/O 模块和电源模块等选择。

3）分配 I/O，绘制 I/O 连接图。

4）设计控制程序。设计控制程序包括设计梯形图、语句表（即程序清单）或控制系统流程图。

控制程序是控制整个系统工作的软件，是保证系统工作正常、安全、可靠的关键。控制系统的设计必须经过反复调试、修改，直到满足要求为止。

5）必要时还需设计控器台（柜）。

6）编制控制系统的技术文件。编制控制系统的技术文件包括说明书、电气图及电气元件明细表等。

传统的电气图，一般包括电气原理图、电器布置图及电气安装图。在 PLC 控制系统中，传统的电气图部分可以统称为“硬件图”；在传统电气图的基础上，再增加 PLC 的 I/O 连接图。

此外，在 PLC 控制系统中的电气图中还包括程序图（梯形图），可以称它为“软件图”。向用户提供“软件图”，可便于用户在生产发展或工艺改进时修改程序，并有利于用户在维修时分析和排除故障。

2. 设计步骤

PLC 控制系统的一般设计步骤如下：

1）根据生产的工艺过程分析控制要求，如需要完成的动作（动作顺序、动作条件、必需的保护等），操作方式（手动、自动、连续、单周期、单步等）。

2）根据控制要求确定用户所需的输入、输出设备。据此确定 PLC 的 I/O 点数。

3）选择 PLC。

4）分配 PLC 的 I/O 点，设计 I/O 连接图。

5）进行 PLC 程序设计，同时可进行控制台的设计和施工。

在设计控制系统时，必须在控制线路（接线程序）设计完成后，才能进行控制台的设计和现场施工。

3.1.6 可编程控制器在环缝自动焊接中的应用

图 3-1 所示的环缝焊接的自动焊接专机，要求人工上料，气动装夹，工件的旋转和焊接电源起动与停止为自动控制。根据控制要求进行 PLC 控制系统的设计。

1. 确定控制要求和操作方式

根据生产工艺过程，分析控制要求，确定需要完成的工作和操作方式。

（1）动作顺序　假设焊接工件的材料是不锈钢，采用直流 TIG 焊接，无须填丝。其焊接程序循环如图 3-4 所示。

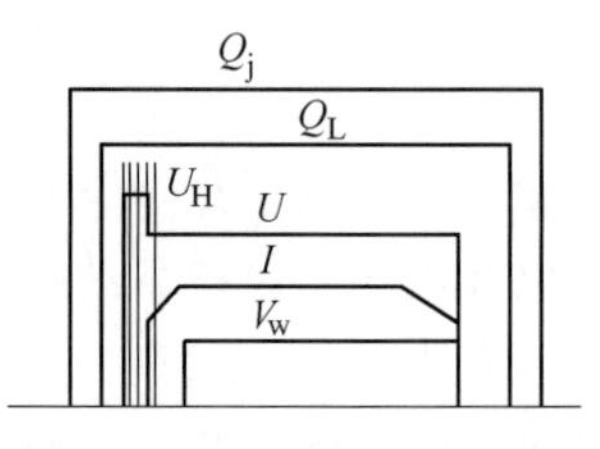

图 3-4　环缝焊接程序循环

图 3-4 中 Q_j、Q_L、U_H、I、V_w 分别表示控制气动夹具的气体、焊接保护气体、高频引弧电压、焊接电流、焊接转胎旋转。

（2）操作方式　操作自动控制和手动控制。

所谓自动控制，即实现气动夹具、焊接电源、转胎的自动控制。工件自动夹紧后，接通焊接电源（由弧焊电源完成提前送保护气、高频引弧、电流递增至正常焊接电流的控制）和接通焊接转胎电动机，转胎旋转，进入正常焊接；工件焊接一圈后，向弧焊电源发出停止焊接信号，由弧焊电源控制焊接电流衰减，停保护气，最终切断焊接电源，在弧焊电源切断焊接电流时切断焊接转胎电动机电源，当保护气延时切断后，工件自动松夹。

所谓手动控制，即可以手动控制装夹，实现焊接电源、焊接转胎的程序自动控制。在焊接停止时，需要采用人工监控。手动控制可以用于焊接工艺试验或补焊。

（3）其他要求　需要一些必要的指示灯，如焊接指示灯、工件旋转位置指示灯等。

2. 系统硬件设计

根据控制要求确定用户所需的输入、输出设备，据此确定 PLC 的 I/O 点数，选择 PLC，设计 I/O 连接图。

在本系统中需要起动按钮 SB1、停止按钮 SB2、气动夹具控制按钮 SB3、弧焊电源通断控制按钮 SB4 及转胎电动机旋转控制按钮 SB5，均采用无锁按钮开关；自动/手动控制选择开关 SA1 采用一刀两位的主令开关。气动夹具通过电磁气阀 YV 进行控制，转胎电动机通过接触器 KM 控制，弧焊电源可以与焊接电源的遥控开关 SB 连接。

为了实现自动控制，本系统选择合适的编码器作为传感器。将编码器安装在减速器的输出轴上，便可以检测工件旋转的角度。编码器输出的脉冲通过 PLC 的 X0 口输入。此外，采用三个光敏二极管作为指示灯分别显示焊接电源工作、转胎开始旋转、转胎旋转一周的状态。在手动控制过程中，焊接的停止是通过人工观测、人工控制的；编码器的作用只是检测、显示焊接过程，而不能进行自动控制。

输入、输出至少需要 7 个输入端口、6 个输出端口，分别接外部设备。外部设备包括控制焊接转胎电动机旋转的接触器 KM、气动夹具控制电磁气阀 YV、弧焊电源遥控开关 SB 以及一些指示灯。根据所需要的输入、输出端口数量，可以选用 FX_{ON}-24M 型的 PLC。

3. 系统软件设计

根据焊接工艺及控制要求，可以采用一般的计算机软件编程所采用的软件流程图绘制方法，绘制自动控制程序流程。由于 TIG 焊要求引弧前先送保护气，因此在气动夹具夹紧工件后，弧焊电源应该先接通。当提前送气、电弧引燃后，开始焊接时，再驱动焊接转胎电动机工作。

假设提前接通弧焊电源的时间为 5s，用于提前送气、高频引弧及焊接电流递增等过程，即按动起动按钮后，焊接电源接通，延时 5s 后，接通焊接转胎电动机，带动工件旋转。

由于焊接停止时需要有电流衰减过程，因此应该先发出弧焊电源断电信号，然后电流衰减，电弧熄灭，此时再停止工件旋转。假设电流衰减时间为 2s，则在发出停止焊接信号后 2s，再发出转胎停转信号。为了保护焊接熔池和刚焊完的焊缝金属不被氧化，保护气不能立即切断，需要延时一段时间再切断。待保护气延时切断后，再使工件松夹。

在焊接时，若编码器输入计数器中的脉冲达到 360 个，则说明环缝自动焊接一圈，此时应先向弧焊电源发出焊接停止信号；2s 后再发出转胎停转信号；延时 3s 用于保护气体延时切断，再发出夹具松夹信号。这些都需要 PLC 自动完成。

如果是手动，则人为控制焊接过程；当需要停止焊接时，按动停止开关来代替计数器发出焊接停止信号。

计 划 单

<table>
<tr><td>学习领域</td><td colspan="4">焊接自动化技术及应用</td></tr>
<tr><td>学习情境3</td><td colspan="2">环缝自动焊接控制系统的设计与调试</td><td>学时</td><td>12学时</td></tr>
<tr><td>任务3.1</td><td colspan="2">单工位环缝自动焊接控制系统的设计与调试</td><td>学时</td><td>6学时</td></tr>
<tr><td>计划方式</td><td colspan="4">小组讨论</td></tr>
<tr><td>序号</td><td colspan="2">实施步骤</td><td colspan="2">使用资源</td></tr>
<tr><td></td><td colspan="2"></td><td colspan="2"></td></tr>
<tr><td></td><td colspan="2"></td><td colspan="2"></td></tr>
<tr><td></td><td colspan="2"></td><td colspan="2"></td></tr>
<tr><td></td><td colspan="2"></td><td colspan="2"></td></tr>
<tr><td></td><td colspan="2"></td><td colspan="2"></td></tr>
<tr><td></td><td colspan="2"></td><td colspan="2"></td></tr>
<tr><td></td><td colspan="2"></td><td colspan="2"></td></tr>
<tr><td></td><td colspan="2"></td><td colspan="2"></td></tr>
<tr><td>制订计划说明</td><td colspan="4"></td></tr>
<tr><td>计划评价</td><td colspan="4">评语：</td></tr>
<tr><td>班级</td><td></td><td>第　　组</td><td>组长签字</td><td></td></tr>
<tr><td>教师签字</td><td colspan="2"></td><td>日期</td><td></td></tr>
</table>

决 策 单

<table>
<tr><td>学习领域</td><td colspan="7">焊接自动化技术及应用</td></tr>
<tr><td>学习情境 3</td><td colspan="5">环缝自动焊接控制系统的设计与调试</td><td>学时</td><td>12 学时</td></tr>
<tr><td>任务 3.1</td><td colspan="5">单工位环缝自动焊接控制系统的设计与调试</td><td>学时</td><td>6 学时</td></tr>
<tr><td colspan="6">方案讨论</td><td>组号</td><td></td></tr>
<tr><td rowspan="16">方案决策</td><td>组别</td><td>步骤
顺序性</td><td>步骤
合理性</td><td>实施可
操作性</td><td>选用工具
合理性</td><td colspan="2">方案综合评价</td></tr>
<tr><td>1</td><td></td><td></td><td></td><td></td><td colspan="2"></td></tr>
<tr><td>2</td><td></td><td></td><td></td><td></td><td colspan="2"></td></tr>
<tr><td>3</td><td></td><td></td><td></td><td></td><td colspan="2"></td></tr>
<tr><td>4</td><td></td><td></td><td></td><td></td><td colspan="2"></td></tr>
<tr><td>5</td><td></td><td></td><td></td><td></td><td colspan="2"></td></tr>
<tr><td>1</td><td></td><td></td><td></td><td></td><td colspan="2"></td></tr>
<tr><td>2</td><td></td><td></td><td></td><td></td><td colspan="2"></td></tr>
<tr><td>3</td><td></td><td></td><td></td><td></td><td colspan="2"></td></tr>
<tr><td>4</td><td></td><td></td><td></td><td></td><td colspan="2"></td></tr>
<tr><td>5</td><td></td><td></td><td></td><td></td><td colspan="2"></td></tr>
<tr><td>1</td><td></td><td></td><td></td><td></td><td colspan="2"></td></tr>
<tr><td>2</td><td></td><td></td><td></td><td></td><td colspan="2"></td></tr>
<tr><td>3</td><td></td><td></td><td></td><td></td><td colspan="2"></td></tr>
<tr><td>4</td><td></td><td></td><td></td><td></td><td colspan="2"></td></tr>
<tr><td>5</td><td></td><td></td><td></td><td></td><td colspan="2"></td></tr>
<tr><td>方案评价</td><td colspan="7">评语：</td></tr>
<tr><td>班级</td><td></td><td>组长签字</td><td></td><td>教师签字</td><td></td><td colspan="2">月　日</td></tr>
</table>

作 业 单

学习领域	焊接自动化技术及应用		
学习情境 3	环缝自动焊接控制系统的设计与调试	学时	12 学时
任务 3.1	单工位环缝自动焊接控制系统的设计与调试	学时	6 学时
作业方式	小组分析、个人解答、现场批阅、集体评判		
1	绘制单工位环缝自动焊接控制系统的接线图。		
2	绘制单工位环缝自动焊接控制系统的梯形图。		

作业评价：

班级		组号		组长签字	
学号		姓名		教师签字	
教师评分		日期			

检 查 单

学习领域	焊接自动化技术及应用			
学习情境3	环缝自动焊接控制系统的设计与调试		学时	12学时
任务3.1	单工位环缝自动焊接控制系统的设计与调试		学时	6学时
序号	检查项目	检查标准	学生自查	教师检查
1	任务书阅读与分析能力，正确理解及描述目标要求	准确理解任务要求		
2	与同组同学协商，确定人员分工	较强的团队协作能力		
3	查阅资料能力	较强的资料检索能力		
4	资料的阅读、分析和归纳能力	较强的分析报告撰写能力		
5	单工位环缝自动焊接控制系统设计与调试	正确设计系统并调试		
6	安全操作	符合“5S”要求		
7	故障的分析诊断能力	故障处理得当		
检查评价	评语：			
班级		组号		组长签字
教师签字			日期	

评　价　单

<table>
<tr><td>学习领域</td><td colspan="6">焊接自动化技术及应用</td></tr>
<tr><td>学习情境3</td><td colspan="4">环缝自动焊接控制系统的设计与调试</td><td>学时</td><td>12学时</td></tr>
<tr><td>任务3.1</td><td colspan="4">单工位环缝自动焊接控制系统的设计与调试</td><td>学时</td><td>6学时</td></tr>
<tr><td>考核项目</td><td>考核内容及要求</td><td>分值</td><td>学生自评</td><td>小组评分</td><td>教师评分</td><td>实得分</td></tr>
<tr><td>资讯（20%）</td><td>正确回答引导问题</td><td>20</td><td>30%</td><td>—</td><td>70%</td><td></td></tr>
<tr><td>计划（30%）</td><td>设计和规划完成方法和步骤，形成初步方案</td><td>30</td><td>30%</td><td>—</td><td>70%</td><td></td></tr>
<tr><td rowspan="2">决策（20%）</td><td>展示本组的初步方案（10%）</td><td>10</td><td>—</td><td>30%</td><td>70%</td><td></td></tr>
<tr><td>组间讨论确定实施方案（10%）</td><td>10</td><td>—</td><td>30%</td><td>70%</td><td></td></tr>
<tr><td>实施（10%）</td><td>按照方案执行情况（10%）</td><td>10</td><td>30%</td><td>—</td><td>70%</td><td></td></tr>
<tr><td rowspan="3">检查和评价（20%）</td><td>操作过程规范性（5%）</td><td>5</td><td>30%</td><td></td><td>70%</td><td></td></tr>
<tr><td>正确展示成果（10%）</td><td>10</td><td>30%</td><td></td><td>70%</td><td></td></tr>
<tr><td>正确评价（5%）</td><td>5</td><td>30%</td><td></td><td>70%</td><td></td></tr>
<tr><td>评价评语</td><td colspan="6"></td></tr>
<tr><td>班级</td><td></td><td>组号</td><td></td><td>学号</td><td></td><td>总评</td><td></td></tr>
<tr><td>教师签字</td><td></td><td>组长签字</td><td colspan="2"></td><td>日期</td><td></td></tr>
</table>

任务 3.2　双工位环缝自动焊接控制系统的设计与调试

任　务　单

<table>
<tr><td>学习领域</td><td colspan="5">焊接自动化技术及应用</td></tr>
<tr><td>学习情境 3</td><td colspan="3">环缝自动焊接控制系统的设计与调试</td><td>学时</td><td>12 学时</td></tr>
<tr><td>任务 3.2</td><td colspan="3">双工位环缝自动焊接控制系统的设计与调试</td><td>学时</td><td>6 学时</td></tr>
<tr><td colspan="6">布置任务</td></tr>
<tr><td>工作目标</td><td colspan="5">分析双工位环缝自动焊接控制系统的特点，合理选择位置传感器，绘制双工位环缝自动焊接系统接线图、控制系统梯形图，并编写控制语句。</td></tr>
<tr><td>任务描述</td><td colspan="5">分析双工位环缝自动焊接控制系统的特点，分析控制系统的工作流程，合理选择位置传感器；在具备应用可编程控制技术进行双工位环缝自动焊接控制系统设计的基础上，绘制控制系统接线图和控制系统梯形图，并编写 PLC 控制语句，形成控制系统设计的一整套方案。</td></tr>
<tr><td>任务分析</td><td colspan="5">各小组对任务进行分析、讨论，并根据收集的信息了解控制系统实现的功能，在掌握 PLC 的基本原理和指令的基础上，进行电气控制系统的设计，列出 I/O 一览表、绘制系统梯形图，编写控制语句。需要查找的内容有：
1. 位置传感器的分类和应用。
2. 双工位环缝自动焊系统实现的功能和工作顺序。</td></tr>
<tr><td>学时安排</td><td>资讯
2 学时</td><td>计划
1 学时</td><td>决策
1 学时</td><td>实施
1.5 学时</td><td>检查评价
0.5 学时</td></tr>
<tr><td>提供资料</td><td colspan="5">1. 胡绳荪. 焊接自动化技术及其应用. 北京：机械工业出版社，2007.
2. 蒋力培，薛龙，邹勇. 焊接自动化实用技术. 北京：机械工业出版社，2010.
3. 向晓汉. 三菱 FX 系列 PLC 完全精通教程. 北京：化学工业出版社，2012.</td></tr>
<tr><td>对学生的要求</td><td colspan="5">1. 能对任务书进行分析，能正确理解和描述目标要求。
2. 具备独立思考、善于提问的学习习惯。
3. 具备查询资料能力以及严谨求实和开拓创新的学习态度。
4. 能执行企业“5S”质量管理体系要求，具有良好的职业意识和社会能力。
5. 具备团队协作、爱岗敬业的精神。</td></tr>
</table>

资 讯 单

学习领域	焊接自动化技术及应用		
学习情境 3	环缝自动焊接控制系统的设计与调试	学时	12 学时
任务 3. 2	双工位环缝自动焊接控制系统的设计与调试	学时	6 学时
资讯方式	实物、参考资料		
资讯问题	1. 位置传感器都有哪些种类？ 2. 不同种类的位置传感器的应用特点是什么？ 3. 双工位环缝自动焊接控制系统与单工位环缝自动焊接控制系统之间最主要的区别是什么？ 4. 双工位环缝自动焊接控制系统的工作顺序是怎样的？ 5. 双工位环缝自动焊接控制系统的硬件配置是怎样的？ 6. 双工位环缝自动焊接控制系统的设计步骤是怎样的？		
资讯引导	资讯问题 1、2、3、4 和 6 可参考《焊接自动化技术及其应用》（胡绳荪）。 资讯问题 5 可参考《电气控制与 PLC 综合应用技术》（张伟林）。		

信　息　单

位置传感器是通过信息检测来确定焊接工件或者焊枪是否已达到某一位置的传感器。位置传感器不需要产生连续变化的模拟量，只需要产生能反映某种状态的开关量就可以了。

位置传感器分为接触式和接近式两种。接触式传感器是通过检测物体与传感器接触与否来获取物体的位置信息；接近式传感器是通过检测传感器附近有无物体来获取物体位置信息。

3.2.1　接触式位置传感器

限位开关（行程开关）、微动开关都属于接触式位置传感器。这些开关的内部通常都有可以检测是否有物体与其发生接触的机械机构。当移动的物体接触到开关的机械机构时，机械机构产生运动，接通或切断电信号，从而检测出移动物体的位置。

限位开关的机械机构有撞针式、滚轮撞针式、滚轮摆杆式、铰链杠杆式、滚轮铰链杠杆式等结构。滚轮式中又有单轮、双轮等，还有摆杆可调、滚轮可调等结构。图 3-5 所示为几种形式的限位开关。

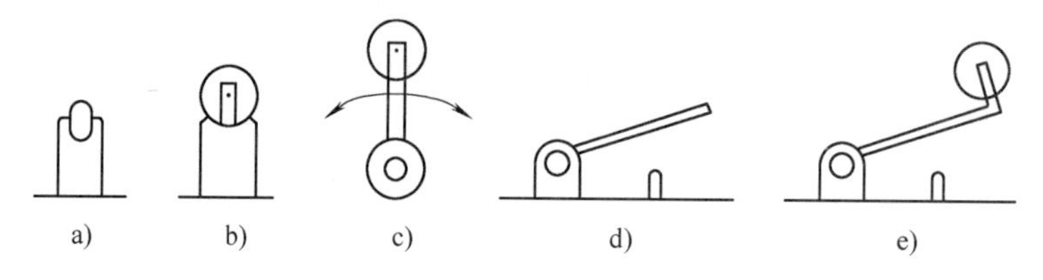

图 3-5　限位开关

a）撞针式　b）滚轮撞针式　c）滚轮摆杆式　d）铰链杠杆式　e）滚轮铰链杠杆式

图 3-6 所示为撞针（直动）式限位开关结构示意图，图 3-7 为滚轮摆杆式限位开关内部结构及工作原理示意图。

从图 3-6 和图 3-7 可见，一般的限位开关大多都具有一个以上的常开或常闭触点（也称动合触点和动断触点）。当物体与开关接触时，机械式的触点开关便会工作。当物体与限位开关接触，压下开关时，限位开关的动断触点断开，动合触点闭合。当物体脱离限位开关时，触点恢复常态。

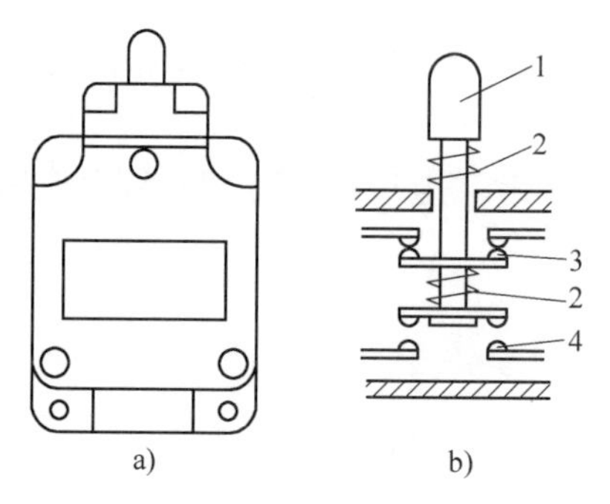

图 3-6　撞针式限位开关

a）外观图　b）内部结构图

1—顶杆　2—弹簧　3—动断触点　4—动合触点

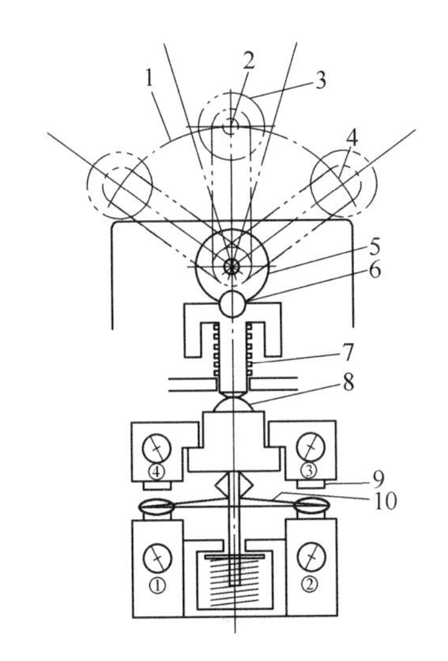

图 3-7　滚轮摆杆式限位开关

1—工作位置　2—自由位置　3—滚轮　4—机构执行位置　5—凸轮　6—弹子
7—复位弹簧　8—微动开关　9—触点　10—可动式簧片

3.2.2　接近式位置传感器

接近式位置传感器主要是指非接触式行程开关。该传感器又称为无触点接近开关，简称接近开关。该传感器按工作原理分为电磁式、光电式、电容式、气压式、超声波式等。本节主要介绍较常用的电磁式、电容式和光电式接近开关。

1. 电磁式接近开关

电磁式接近开关就是利用电磁感应来确定物体的位置。当一个永久磁铁或者一个通有交流电流（往往是高频电流）的线圈接近一个铁磁性物体时，它们的磁力线将会发生变化，即磁场发生变化，可以采用另一个检测线圈来检测磁场的变化。由于磁场的变化会引起检测线圈电感量的变化，而且传感器与被检测的铁磁性物体之间的距离越近，磁场变化越大，检测线圈电感量变化也越大，因此通过检测线圈电感量的变化可以确定被检测物体的位置。

电磁式接近开关根据其工作原理又分为自感式、互感式和涡流式。

2. 电容式接近开关

采用电容式接近开关进行物体位置的检测原理与选用电磁式接近开关进行检测的原理相似。当被测物体接近电容式接近开关表面时，会改变其电容值，导致检测回路中的阻抗值发生变化，从而检测到物体的位置。

根据电容的变化检测物体接近程度的方法有多种，但最简单的方法是将电容器作为振荡电路的一部分，并设计或只有在传感器的电容值超过预定阈值时才产生振荡，然后再经过变换，使其成为输出电压，用以确定被检测物体的位置。

电磁式接近开关只能检测电磁材料，对非电磁材料则无能为力。电容式接近开关却能克服这一缺点，它几乎能检测所有固体和液体材料。由于目前的工程结构中金属材料仍然是主体，因此，在焊接自动化中，电磁式接近开关应用得较为普遍。

3. 光电式接近开关

光电式接近开关是由光源与受光器件组合而成的，它利用被检测物体对光的透射或反射，进行物体位置的检测。LED（发光二极管）、激光二极管等都可以作为光源（发光器件）。各种光敏二极管、光敏晶体管、位置传感器（Position Sensitive Detector，PSD）等都可以作为受光器件。

根据工作原理不同，光电式接近开关可以分为透射型光电接近开关和反射型光电接近开关。

应用透射型光电接近开关进行物体位置检测时，发光器件和受光器件相对安放，轴线严格对准。当被测物体从两者中间通过时，由于发光器件发出的光被遮住，受光器件（光敏元件）接收不到光信号而产生一个电脉冲信号。

应用反射型光电接近开关进行物体位置检测时，由发光器件和受光器件组成的光电接近开关单侧安装。发光器件发出的光，需经被测物体反射后到达受光器件。当被检测物体接近光电接近开关时，由于发光器件发出的光经被测物体反射，使受光器件接收到光信号而产生一个电脉冲信号，表明被检测的物体已经到达检测的位置。

与透射型光电接近开关相比，反射型光电接近开关检测的是反射光，其输出电流较小。由于不同的物体表面对光的反射程度不同，传感器的信噪比也不一样，因此在反射型光电接近开关检测电路中设定限幅电平就显得非常重要。

光电式接近开关具有体积小、可靠性高、检测位置精度高、响应速度快等优点，因此在焊接自动化系统中得到了广泛的应用。

3.2.3 位置传感器在自动焊接中的应用

位置控制在自动焊接中应用得非常广泛。如直缝、环缝的自动焊接和焊接生产自动流水线的工件传输及焊接工位的自动转换控制，都需要采用位置传感器。

图 3-2 所示为焊接工位自动转换示意图。该装置将位置传感器（接近开关）固定在焊接机头上。工件在装卸工件工位安装固定后，转盘带动工件旋转。当传感器检测到定位块时，转盘停转，工件到达焊接位置。工件焊接时，在装卸工件工位进行工件的更换；焊接完成后，再进行工位的转换。同理，可以根据需要进行多个工位的转换控制。

在上述自动控制中，传感器可以采用接触式位置传感器（即限位开关），也可以采用非接触式的接近开关。如果采用电磁式传感器，图 3-2 所示焊炬移动机构的定位块可以采用一般的钢铁材料；如果采用反射型光电接近开关则需要在定位块上安置反射片。应该指出的是，无论采用哪种传感器，都需要注意传感器的检测距离。

在进行双工位环缝自动焊接控制系统的设计过程中，需要在单工位环缝自动焊接控制系统的基础上增加位置传感器测控环节，以实现双工位环缝焊接的切换。

3.2.4 可编程控制器的指令及其应用

1. 基本指令

FX_{0N}系列的 PLC 有 20 条基本指令。

（1）输入、输出性指令

1）LD。取指令，用于提取常开触点的状态。

2）LDI。取反指令，用于提取常闭触点的状态。

LD 和 LDI 指令用于提取 PLC 输入继电器常开触点和常闭触点的信号，也可以用于提取 PLC 内部计数器、定时器、辅助继电器以及输出继电器的常开触点和常闭触点的信号。

3）OUT。输出指令，用于将逻辑运算的结果驱动一个指定线圈，例如输出继电器、辅助继电器、定时器、计数器、状态寄存器等线圈，但不能用于控制连接可编程控制器输入触点上的检测结果。

OUT 指令可以连续使用若干次，相当于线圈并联，但是不能串联使用。对定时器和计数器使用 OUT 指令时，必须设置常数 K。

（2）逻辑“与”和“与非”指令

1）AND。逻辑“与”指令，用于单个常开触点的串联，完成逻辑“与”运算。

2）ANI。逻辑“与非”指令，用于单个常闭触点的串联，完成逻辑“与非”运算。

AND 和 ANI 指令串联触点时，是从该指令的当前步开始，对前面的 LD 和 LDI 指令的触点进行串联连接。AND 和 ANI 指令均用于单个触点的串联，串联触点数目没有限制，可以重复使用。

（3）逻辑“或”和“或非”指令

1）OR。逻辑“或”指令，用于单个常开触点的并联，完成逻辑“或”运算。

2）ORI。逻辑“或非”指令，用于单个常闭触点的并联，完成逻辑“或非”运算。

OR 和 ORI 指令并联触点时，是从该指令的当前步开始，对前面的 LD 和 LDI 指令的触点进行并联连接。该指令并联连接次数不限，其适用范围与 LD 和 LDI 相同。

（4）“结束”指令　“结束”指令即 END 指令，用于程序的结束，无目标元素。一般表示程序结束。

PLC 在运行时，CPU 读输入信号，执行梯形图电路并输出驱动信号。当执行到 END 指令时，END 指令后面的程序跳过不执行，然后回到程序开始端，如此反复扫描执行。由此可见，具有 END 指令时，不必扫描全部 PLC 内的程序内容，因此具有缩短扫描时间的功能。

（5）电路块并联、串联连接指令

1）ORB。电路块“或”指令。当梯形图的控制线路由若干个先串联、后并联的触点组成时，可将每组串联的触点看作一个块，与左母线相连的最上面的块按照触点串联方式编写语句，下面依次并联的块称为子块。每个子块左边第一个触点用 LD 或 LDI 指令，其余与其串联的触点用 AND 或 ANI 指令。每个子块的语句编写完成后，加一条 ORB 指令，表示该子块与上面的块并联。

2）ANB。电路块“与”指令。当梯形图的控制线路由若干个先并联、后串联的触点组成时，可将每组并联的触点看作一个块。与左母线相连的块按照触点并联方式编写语句，下面依次串联的块称作子块。每个子块最上面的触点用 LD 或 LDI 指令，其余与其并联的触点用 OR 或 ORI 指令。每个子块的语句编写完成后，加一条 ANB 指令，表示该子块与左面的块串联。串联子块数没有限制，即 ANB 指令的使用次数无限制。

（6）RST、SET 指令

1）SET。置位指令，驱动输出置位，输出线圈保持通电。

2）RST。复位指令，驱动输出复位，输出线圈保持断电。

RST 指令可用于输出继电器 Y、辅助继电器 M 和状态寄存器的复位操作；对数据寄存器 D 和变址寄存器 V、Z 进行清零。当 RST 指令用于移位寄存器复位时，将清除所有位的信息。RST 指令还可用于定时器 T 和计数器 C 逻辑线圈的复位，使定时器 T 和计数器 C 的触点断开，当前定时值和计数值为零，定时器 T 和计数器 C 回到设定值，这时 RST 指令优先执行。

使用 SET 和 RST 指令可以方便地在 PLC 程序的任何地方对某个状态或事件设置标识和清除标识。使用 SET 和 RST 指令时没有顺序的限制。

（7）PLS、PLF 指令

1）PLS。脉冲指令，上升沿微分输出。

2）PLF。脉冲指令，下降沿微分输出。

PLS、PLF 指令用于对 Y、M 进行短时间的脉冲控制。若使用 PLS 指令，则 Y、M 仅在驱动输入接通后的一个扫描周期内动作；若使用 PLF 指令，则 Y、M 仅在驱动输入断开后的一个扫描周期内动作。

（8）主令控制指令

1）MC。主令控制起始指令。

2）MCR。主令控制结束指令。

其目的操作数的选择范围为 Y、M。

（9）MPS、MRD 和 MPP 指令

1）MPS。进栈指令。用于储存结果，记忆到 MPS 指令为止的状态，并将其储存。

2）MRD。读栈指令。用于读出记忆结果，即读出用 MPS 指令记忆的状态。

3）MPP。出栈指令。读出并复位，即读出用 MPS 指令记忆的结果并清除这些结果。

（10）空操作指令 NOP　空操作指令又叫无操作指令。执行该指令时，不完成任何操作，只是占用一步的步序。可以预先在程序中插入适量的 NOP 指令，以备修改或增加指令时使用。也可以用 NOP 指令取代已写入的指令，从而有利于程序的修改。

2. 定时器与计数器的使用

（1）定时器的应用　在焊接自动化系统中，延时控制应用较多。在 PLC 中有不同的定时器，利用定时器很容易实施延时控制。

（2）计数器的应用　在焊接自动化系统中，计数器的应用也是比较多的。例如采用增量编码器作为传感器进行焊接位移、焊接位置控制时，利用计数器对编码器输出脉冲进行计数，对焊接过程加以控制。此外，计数器还可以用于延时控制、脉冲控制等。

3. 功能指令

功能指令用于完成一些特定的动作。例如程序的跳转、某段程序的循环、程序的中断、数据的传送与比较、算术与逻辑运算等。

（1）跳转指令 CJ　条件跳转指令，该指令用于程序跳过顺序程序的一部分，执行下面的程序。操作码 CJ 后面加操作元件，表示当控制线路由“断开”到“接通”时，才执行该指令。

（2）循环指令　循环指令的循环区起点为 FOR，目标元件可以是常数 K 或 H，也可以是定时器、计数器、寄存器等。

3.2.5 双工位环缝自动焊接控制系统的设计

1. 控制系统的工作顺序

如图3-2所示双工位环缝自动焊接工作台，在工位2采用人工上料及工件夹紧。工件夹紧后，两工位在旋转工作台带动下旋转180°，进行工位转换。工位转换的位置控制采用接近开关。工位1为焊接工位。工位自动转换完成后，延时1s，焊枪在气动装置带动下自动伸出到位；延时2s，起动弧焊电源；再延时3s，起动焊接转胎电动机，焊接工件旋转。环缝焊接位置的控制，选用每转360个脉冲的增量编码器，即环缝焊接过程中，工件旋转位置可以通过编码器的输出脉冲来检测。环缝焊接完成后，切断电源；延时3s，停止环缝焊接转胎旋转；再延时3s，焊枪在气动装置带动下自动回位。延时1s，工作台旋转180°，进行工位自动转换，完成一个焊接循环。

2. 控制系统梯形图

根据梯形图的绘制原则，结合控制系统的功能和工作顺序，绘制梯形图。

3. PLC的I/O安排一览表

在任务3.1完成的PLC的I/O安排的基础上，添加工位转换电动机接触器的接口，并制作本任务的PLC的I/O安排一览表。

4. 编写程序指令

按照PLC的编程规则，在已有的控制系统梯形图、I/O安排一览表的基础上，编写本任务的程序指令，实现双工位环缝自动焊接控制系统的功能。

计　划　单

<table>
<tr><td>学习领域</td><td colspan="5">焊接自动化技术及应用</td></tr>
<tr><td>学习情境 3</td><td colspan="3">环缝自动焊接控制系统的设计与调试</td><td>学时</td><td>12 学时</td></tr>
<tr><td>任务 3. 2</td><td colspan="3">双工位环缝自动焊接控制系统的设计与调试</td><td>学时</td><td>6 学时</td></tr>
<tr><td>计划方式</td><td colspan="5">小组讨论</td></tr>
<tr><td>序号</td><td colspan="2">实施步骤</td><td colspan="3">使用资源</td></tr>
<tr><td></td><td colspan="2"></td><td colspan="3"></td></tr>
<tr><td></td><td colspan="2"></td><td colspan="3"></td></tr>
<tr><td></td><td colspan="2"></td><td colspan="3"></td></tr>
<tr><td></td><td colspan="2"></td><td colspan="3"></td></tr>
<tr><td></td><td colspan="2"></td><td colspan="3"></td></tr>
<tr><td></td><td colspan="2"></td><td colspan="3"></td></tr>
<tr><td></td><td colspan="2"></td><td colspan="3"></td></tr>
<tr><td></td><td colspan="2"></td><td colspan="3"></td></tr>
<tr><td>制订计划
说明</td><td colspan="5"></td></tr>
<tr><td>计划评价</td><td colspan="5">评语：</td></tr>
<tr><td>班级</td><td></td><td>第　　组</td><td>组长签字</td><td colspan="2"></td></tr>
<tr><td>教师签字</td><td colspan="2"></td><td>日期</td><td colspan="2"></td></tr>
</table>

决　策　单

<table>
<tr><td>学习领域</td><td colspan="6">焊接自动化技术及应用</td></tr>
<tr><td>学习情境 3</td><td colspan="4">环缝自动焊接控制系统的设计与调试</td><td>学时</td><td>12 学时</td></tr>
<tr><td>任务 3. 2</td><td colspan="4">双工位环缝自动焊接控制系统的设计与调试</td><td>学时</td><td>6 学时</td></tr>
<tr><td colspan="5">方案讨论</td><td>组号</td><td></td></tr>
<tr><td rowspan="16">方案决策</td><td>组别</td><td>步骤
顺序性</td><td>步骤
合理性</td><td>实施可
操作性</td><td>选用工具
合理性</td><td colspan="2">方案综合评价</td></tr>
<tr><td>1</td><td></td><td></td><td></td><td></td><td colspan="2"></td></tr>
<tr><td>2</td><td></td><td></td><td></td><td></td><td colspan="2"></td></tr>
<tr><td>3</td><td></td><td></td><td></td><td></td><td colspan="2"></td></tr>
<tr><td>4</td><td></td><td></td><td></td><td></td><td colspan="2"></td></tr>
<tr><td>5</td><td></td><td></td><td></td><td></td><td colspan="2"></td></tr>
<tr><td>1</td><td></td><td></td><td></td><td></td><td colspan="2"></td></tr>
<tr><td>2</td><td></td><td></td><td></td><td></td><td colspan="2"></td></tr>
<tr><td>3</td><td></td><td></td><td></td><td></td><td colspan="2"></td></tr>
<tr><td>4</td><td></td><td></td><td></td><td></td><td colspan="2"></td></tr>
<tr><td>5</td><td></td><td></td><td></td><td></td><td colspan="2"></td></tr>
<tr><td>1</td><td></td><td></td><td></td><td></td><td colspan="2"></td></tr>
<tr><td>2</td><td></td><td></td><td></td><td></td><td colspan="2"></td></tr>
<tr><td>3</td><td></td><td></td><td></td><td></td><td colspan="2"></td></tr>
<tr><td>4</td><td></td><td></td><td></td><td></td><td colspan="2"></td></tr>
<tr><td>5</td><td></td><td></td><td></td><td></td><td colspan="2"></td></tr>
<tr><td>方案评价</td><td colspan="6">评语：</td></tr>
<tr><td>班级</td><td></td><td>组长签字</td><td></td><td>教师签字</td><td></td><td>月　日</td></tr>
</table>

作　业　单

学习领域	焊接自动化技术及应用		
学习情境 3	环缝自动焊接控制系统的设计与调试	学时	12 学时
任务 3.2	双工位环缝自动焊接控制系统的设计与调试	学时	6 学时
作业方式	小组分析、个人解答、现场批阅、集体评判		
1	位置传感器的种类和应用有哪些?		
2	绘制双工位环缝自动焊接控制系统的接线图。		

3	绘制双工位环缝自动焊接控制系统的梯形图。

作业评价：

班级		组号		组长签字	
学号		姓名		教师签字	
教师评分		日期			

检 查 单

<table>
<tr><td>学习领域</td><td colspan="4">焊接自动化技术及应用</td></tr>
<tr><td>学习情境 3</td><td colspan="2">环缝自动焊接控制系统的设计与调试</td><td>学时</td><td>12 学时</td></tr>
<tr><td>任务 3. 2</td><td colspan="2">双工位环缝自动焊接控制系统的设计与调试</td><td>学时</td><td>6 学时</td></tr>
<tr><td>序号</td><td>检查项目</td><td>检查标准</td><td>学生自查</td><td>教师检查</td></tr>
<tr><td>1</td><td>任务书阅读与分析能力，正确理解及描述目标要求</td><td>准确理解任务要求</td><td></td><td></td></tr>
<tr><td>2</td><td>与同组同学协商，确定人员分工</td><td>较强的团队协作能力</td><td></td><td></td></tr>
<tr><td>3</td><td>查阅资料能力</td><td>较强的资料检索能力</td><td></td><td></td></tr>
<tr><td>4</td><td>资料的阅读、分析和归纳能力</td><td>较强的分析报告撰写能力</td><td></td><td></td></tr>
<tr><td>5</td><td>双工位环缝自动焊接控制系统的设计</td><td>正确完成设计</td><td></td><td></td></tr>
<tr><td>6</td><td>安全操作</td><td>符合“5S”要求</td><td></td><td></td></tr>
<tr><td>7</td><td>故障的分析诊断能力</td><td>故障处理得当</td><td></td><td></td></tr>
<tr><td>检查
评价</td><td colspan="4">评语：</td></tr>
</table>

<table>
<tr><td>班级</td><td></td><td>组号</td><td></td><td>组长签字</td><td></td></tr>
<tr><td>教师签字</td><td colspan="3"></td><td>日期</td><td></td></tr>
</table>

评　价　单

<table>
<tr><td>学习领域</td><td colspan="7">焊接自动化技术及应用</td></tr>
<tr><td>学习情境 3</td><td colspan="5">环缝自动焊接控制系统的设计与调试</td><td>学时</td><td>12 学时</td></tr>
<tr><td>任务 3.2</td><td colspan="5">双工位环缝自动焊接控制系统的设计与调试</td><td>学时</td><td>6 学时</td></tr>
<tr><td>考核项目</td><td colspan="2">考核内容及要求</td><td>分值</td><td>学生
自评</td><td>小组
评分</td><td>教师
评分</td><td>实得分</td></tr>
<tr><td>资讯（20%）</td><td colspan="2">正确回答引导问题</td><td>20</td><td>30%</td><td>—</td><td>70%</td><td></td></tr>
<tr><td>计划（30%）</td><td colspan="2">设计和规划完成方法和步骤，形成初步方案</td><td>30</td><td>30%</td><td>—</td><td>70%</td><td></td></tr>
<tr><td rowspan="2">决策（20%）</td><td colspan="2">展示本组的初步方案（10%）</td><td>10</td><td>—</td><td>30%</td><td>70%</td><td></td></tr>
<tr><td colspan="2">组间讨论确定实施方案（10%）</td><td>10</td><td>—</td><td>30%</td><td>70%</td><td></td></tr>
<tr><td>实施（10%）</td><td colspan="2">按照方案执行情况（10%）</td><td>10</td><td>30%</td><td>—</td><td>70%</td><td></td></tr>
<tr><td rowspan="3">检查
（20%）</td><td colspan="2">操作过程规范性（5%）</td><td>5</td><td>30%</td><td></td><td>70%</td><td></td></tr>
<tr><td colspan="2">正确展示成果（10%）</td><td>10</td><td>30%</td><td></td><td>70%</td><td></td></tr>
<tr><td colspan="2">正确评价（5%）</td><td>5</td><td>30%</td><td></td><td>70%</td><td></td></tr>
<tr><td>评价
评语</td><td colspan="7"></td></tr>
<tr><td>班级</td><td></td><td>组号</td><td></td><td>学号</td><td></td><td>总评</td><td></td></tr>
<tr><td>教师签字</td><td colspan="2"></td><td>组长签字</td><td colspan="2"></td><td>日期</td><td></td></tr>
</table>

学习情境4 弧焊机器人的操作与编程

【工作目标】

通过本任务的学习，学生应具有以下的能力和水平：

1. 正确启动机器人系统的能力。
2. 使用示教器手动移动机器人的能力。
3. 新建、加载和编辑程序的能力。
4. 平板对接接头焊接示教编程的能力。
5. 管板角接接头焊接示教编程的能力。
6. 应用 RobotStudio 软件离线编程的能力。
7. 按照安全标准，进行弧焊机器人操作的能力。
8. 良好的表达能力和较强的沟通与团队合作能力。

【工作任务】

1. 启动弧焊机器人系统。
2. 使用示教器精确定点和连续移动机器人。
3. 新建、加载和编辑程序。
4. 平板对接接头焊接示教编程。
5. 管板角接接头焊接示教编程。
6. 安装 RobotStudio 软件。
7. 构建虚拟工作站并操作。

【情境导入】

随着产业界对高效、高品质焊接的需求不断增长，机器人焊接的应用日益广泛。弧焊机器人是一种自动控制、可重复编程、能在三维空间完成各种焊接作业的自动化生产设备，具有动作范围大、运动速度快等特点。弧焊机器人的示教编程、程序编辑等操作必须由经过培训的专业人员实施，并严格遵守机器人的安全操作规程和行业安全作业操作规程。

对弧焊机器人的操作从手动控制机器人开始，手动控制机器人是机器人示教编程的基础。在掌握手动控制的基础上，学习机器人的示教编程，能够进行典型平板对接接头焊接、管板角接接头焊接的示教编程。最后通过先进的离线编程系统，实现弧焊机器人的远程控制，以满足工业化生产的需要。图 4-1 所示为 ABB 弧焊机器人。

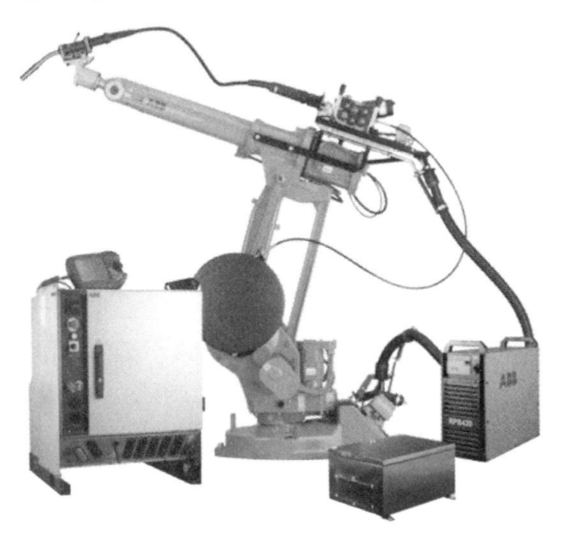

图 4-1　ABB 弧焊机器人

任务 4.1　弧焊机器人的手动控制

任　务　单

<table>
<tr><td>学习领域</td><td colspan="5">焊接自动化技术及应用</td></tr>
<tr><td>学习情境 4</td><td colspan="3">弧焊机器人的操作与编程</td><td>学时</td><td>23 学时</td></tr>
<tr><td>任务 4.1</td><td colspan="3">弧焊机器人的手动控制</td><td>学时</td><td>6 学时</td></tr>
<tr><td colspan="6">布置任务</td></tr>
<tr><td>工作目标</td><td colspan="5">正确打开弧焊机器人系统，使用示教器手动移动机器人，最终在关节、直角和工具等不同坐标系下实现机器人的精确定点和连续移动操作。</td></tr>
<tr><td>任务描述</td><td colspan="5">收集整理 ABB 弧焊机器人组成及功能、安全操作等的相关信息。按照安全标准，正确打开弧焊机器人系统，正确建立和选择弧焊机器人的坐标系，使用示教器手动移动弧焊机器人，在关节、直角和工具等不同坐标系下实现弧焊机器人的精确定点和连续移动。</td></tr>
<tr><td>任务分析</td><td colspan="5">各小组对任务进行分析、讨论，并根据收集的信息了解 ABB 弧焊机器人的组成及功能，在此基础上掌握安全操作知识，并掌握如何启动和关闭弧焊机器人系统，能够建立坐标系，在坐标系下实现手动操作和精确定点运动。需要查找的内容有：
1. ABB 弧焊机器人的组成及功能。
2. 安全操作知识。
3. 如何启动和关闭弧焊机器人系统。
4. 如何建立坐标系、手动操作和精确定点运动。</td></tr>
<tr><td>学时安排</td><td>资讯
2 学时</td><td>计划
1 学时</td><td>决策
1 学时</td><td>实施
1.5 学时</td><td>检查评价
0.5 学时</td></tr>
<tr><td>提供资料</td><td colspan="5">1. 李荣雪．弧焊机器人操作与编程．北京：机械工业出版社，2011.
2. 叶晖．工业机器人典型应用案例精析．北京：机械工业出版社，2013.
3. 叶晖，管小清．工业机器人实操与应用技巧．北京：机械工业出版社，2010.
4. 兰虎．焊接机器人编程及应用．北京：机械工业出版社，2013.</td></tr>
<tr><td>对学生的要求</td><td colspan="5">1. 能对任务书进行分析，能正确理解和描述目标要求。
2. 具备独立思考、善于提问的学习习惯。
3. 具备查询资料能力以及严谨求实和开拓创新的学习态度。
4. 能执行企业“5S”质量管理体系要求，具有良好的职业意识和社会能力。
5. 具备团队协作、爱岗敬业的精神。</td></tr>
</table>

资　讯　单

学习领域	焊接自动化技术及应用		
学习情境4	弧焊机器人的操作与编程	学时	23学时
任务4.1	弧焊机器人的手动控制	学时	6学时
资讯方式	实物、参考资料		
资讯问题	1. 弧焊机器人系统由哪几部分组成？各部件功能是什么？ 2. 控制柜的主要按键的名称和功能是什么？ 3. 示教器的主要按键的名称和功能是什么？ 4. 机器人的运动方式有哪些？ 5. 机器人坐标系有哪几种？工件坐标系是怎样建立的？ 6. 手动移动机器人有哪几个步骤？ 7. 如何通过菜单和快捷键两种方式选择机器人精确定点运动幅度？		
资讯引导	资讯问题1、2、3和7可参考《弧焊机器人操作与编程》(李荣雪)。 资讯问题4、5和6可参考《工业机器人实操与应用技巧》(叶晖，管小清)。		

信 息 单

4.1.1 ABB 弧焊机器人组成及功能的知识准备

ABB 弧焊机器人由本体、控制柜及示教器等组成，如图 4-2 所示。

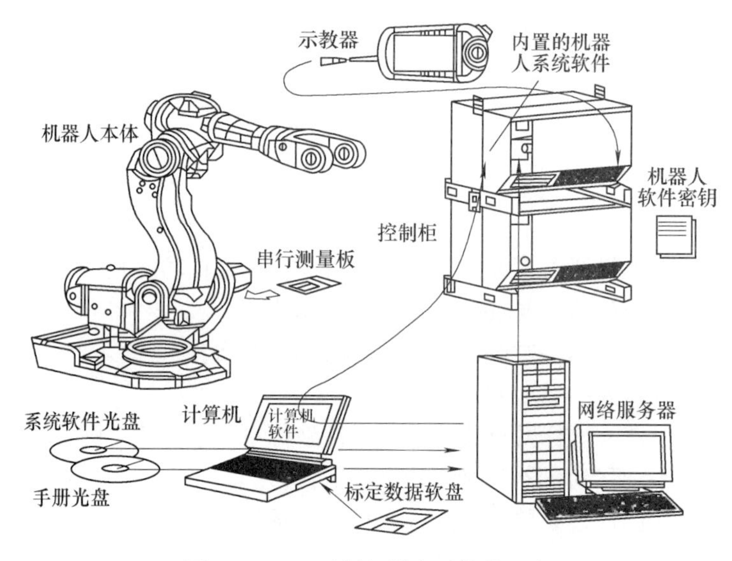

图 4-2 ABB 弧焊机器人系统的组成

1. 机器人本体

机器人本体是用于完成各种作业的执行机构，如同机器人的“肢体”，可用于搬运工件和夹持焊枪。

2. 控制柜

控制柜是硬件和软件的结合，用于安装各种控制单元，进行数据处理及存储、执行程序等，如同机器人的“大脑”。控制柜及其按钮如图 4-3 所示。

（1）主电源开关 主电源开关是弧焊机器人系统的总开关。

（2）紧急停止按钮 在任何模式下，按下紧急停止按钮，ABB 弧焊机器人会立即停止动作。要使机器人重新动作，必须释放该按钮。

（3）电动机上电/失电按钮 此按钮表示机器人电动机的工作状态。若按键灯常亮，则表示上电状态，机器人的电动机被激活，已准备好执行程序；若按键灯快闪，则表示机器人未同步，但电动机已被激活；若按键灯慢闪，则表示至少有一种安全停止生效，电动机未被激活。

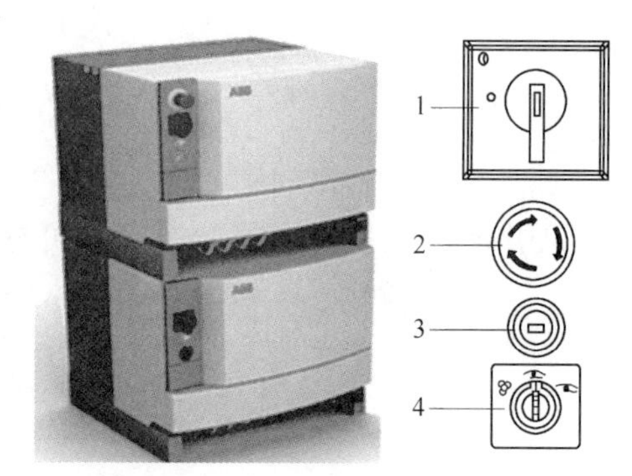

图 4-3 控制柜及其按钮

1—主电源开关 2—紧急停止按钮 3—电动机上电/失电按钮 4—模式选择旋钮

（4）模式选择旋钮 模式选择旋钮一般有两种，如图 4-4 所示。

A：自动模式。机器人运行时使用，在此状态下，操纵摇杆不能使用。

B：手动减速模式。相应状态为手动状态，机器人只能以低速、手动控制运行，必须按住使能键才能激活电动机。手动减速模式常用于创建或调试程序。

C：手动全速模式。手动减速模式只提供低速运行方式，在与实际情况相近的情况下调试程序则要使用手动全速模式。例如，在此模式下可测试机器人与传送带或其他外部设备是否同步运行。手动全速模式用于测试和编辑程序。

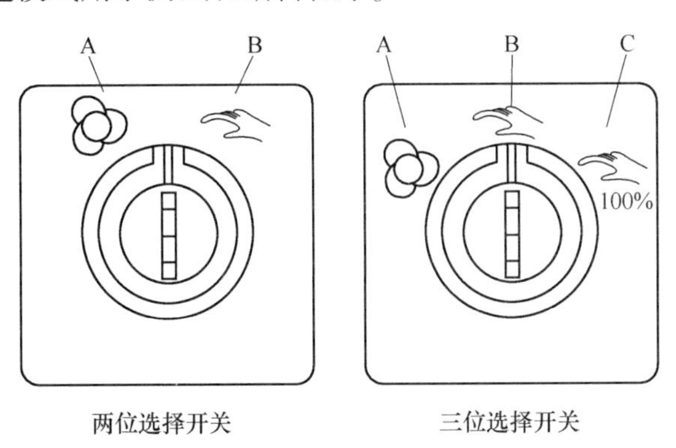

图 4-4　模式选择旋钮

A—自动模式　B—手动减速模式　C—手动全速模式

3. 示教器

示教器有多种功能，如手动移动机器人、编辑程序和运行程序等。它与控制柜通过一根电缆连接，其结构如图 4-5 所示。

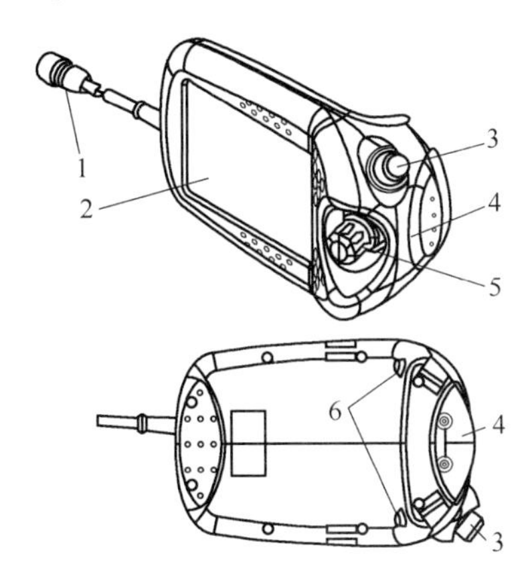

图 4-5　示教器的结构

1—插头　2—触摸屏　3—急停按钮　4—手动上电按键　5—操纵摇杆　6—全速运行保持键

注意：在自动模式下，手动上电按键（使能键）不起作用。手动模式下，该键有三个位置，即：

1）不按（释放状态）。电动机不上电，弧焊机器人不能动作。

2）轻轻按下。电动机上电，弧焊机器人可以按指令或摇杆操纵方向移动。

3）用力按下。电动机失电，弧焊机器人停止运动。

4. 示教器菜单及窗口

（1）主菜单　系统应用从主菜单开始。每项应用都应在主菜单中，以供选择。单击系统菜单按钮可以显示系统主菜单，如图 4-6 所示。

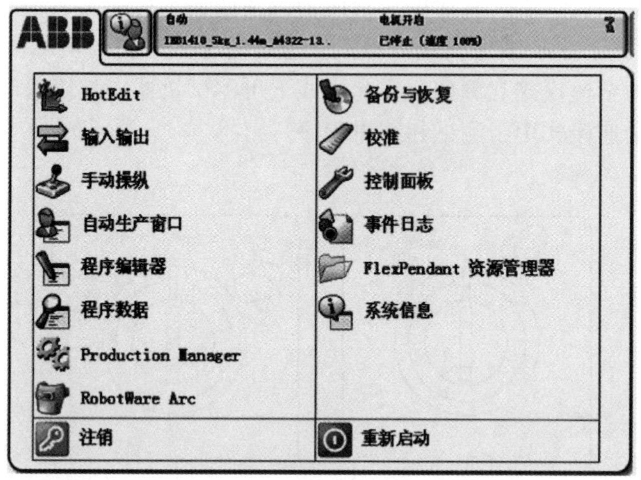

图 4-6　系统主菜单

主菜单的各选项功能见表 4-1。

表 4-1　ABB 弧焊机器人主菜单的各选项功能

图　标	名　称	功　能
	输入输出（I/O）	查看输入输出信号
	手动操纵	手动移动机器人时，通过该选项选择需要控制的单元，如机器人或变位机
	自动生产窗口	由手动模式切换到自动模式时，窗口自动打开。自动运行中可观察程序运行
	程序编辑器	设置数据类型，即设置应用程序中不同指令所需的不同类型的数据
	程序数据	用于建立程序、修改指令及程序的复制、粘贴等
	备份与恢复	备份程序、系统参数等
	校准	输入、偏移量、零位等校准
	控制面板	参数设定、I/O 单元设定、弧焊设备设定、自定义键设定及语言选择等。例如，示教器中英文界面选择方法：ABB→控制面板→语言→Control　Panel →Language → Chinese
	事件日志	记录系统发生的事件，如电动机上电/失电、出现操作错误等各种过程
	资源管理器	新建、查看、删除文件夹或文件等
	系统信息	查看整个控制器的型号、系统版本和内存等

（2）窗口　选择主菜单中的任意一项功能后，任务栏中会显示一个按键，可以按此按键切换当前的任务窗口，如图 4-7 所示。

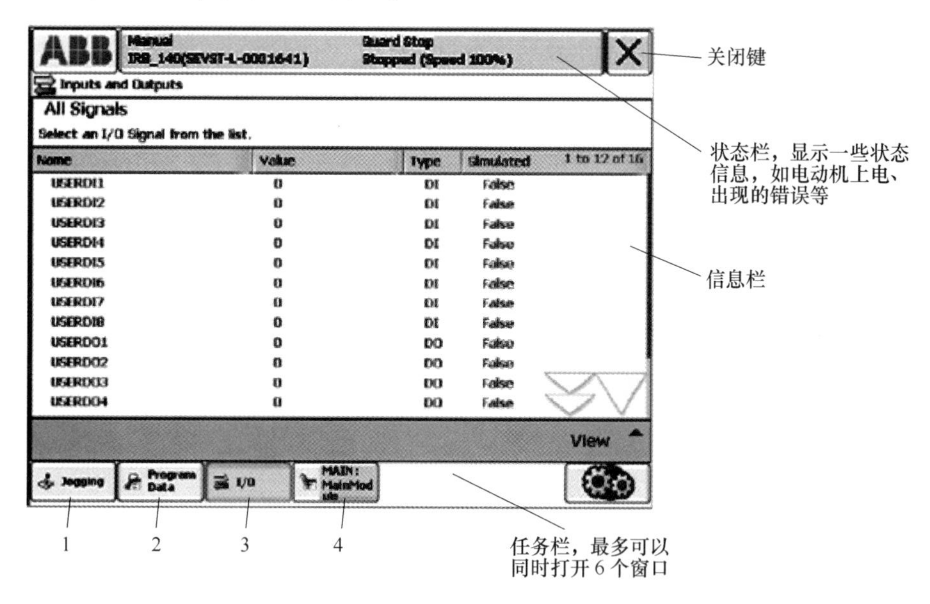

图 4-7　ABB 弧焊机器人系统窗口

1—手动操纵窗口　2—程序数据窗口　3—输入输出窗口　4—编程窗口

（3）快捷菜单　快捷菜单提供比操作窗口更快捷的操作按键，每项菜单选项使用一个图标显示当前的运行模式或进行设定，如图 4-8 所示。ABB 弧焊机器人系统快捷菜单的各选项功能见表 4-2。

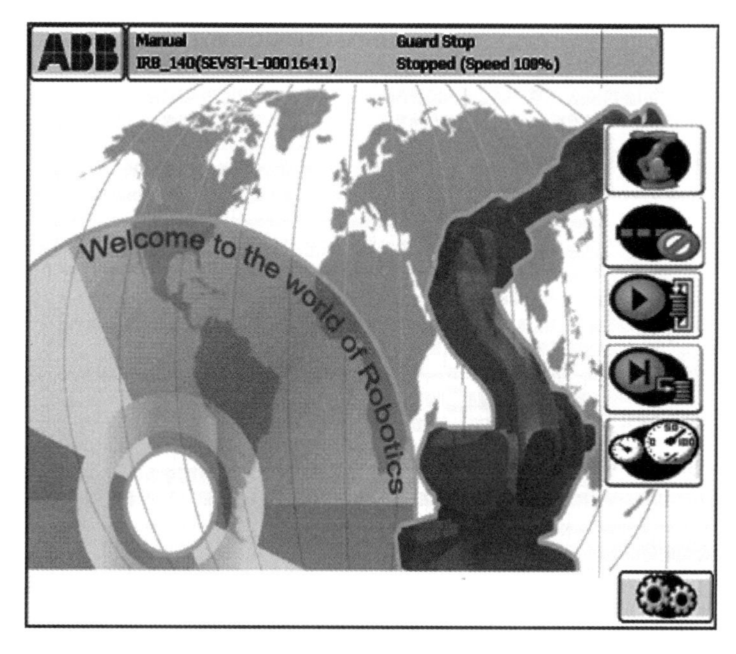

图 4-8　ABB 弧焊机器人系统快捷菜单

表 4-2　ABB 弧焊机器人系统快捷菜单的各选项功能

图　标	名　称	功　能
	快捷键	快速显示常用选项
	机械单元	工件坐标系与工具坐标系的切换
	步长	手动操纵机器人的运动速度调节
	运行模式	有连续和单周运行两种
	步进运行	不常用
	速度模式	运行程序时使用，调节运行速度的百分率

4.1.2　安全操作准备

工业机器人工作时手臂的动量很大，若碰到操作人员，势必会造成伤害，因此，在操作人员练习或工业机器人运行期间必须注意安全。任何人员无论什么时候进入工业机器人的工作范围，都有可能发生事故，所以只有经过专门培训的人员才可以进入该区域，这是必须遵守的一条重要原则。

有些国家已经颁布了工业机器人安全法规和相应的操作规程，国际标准化协会也制定了工业机器人安全规范。工业机器人生产厂家在用户使用手册中提供了设备参数以及使用、维护设备的注意事项。ABB 公司给出了以下操作规程（此规程也可作为其他工业机器人安全措施的参考）：

1）未经许可不能擅自进入机器人工作区域；机器人处于自动模式时，不允许进入其运动所及区域。

2）机器人运行中发生任何意外或运行不正常时，立即使用急停按钮使机器人停止运行。

3）在编程、测试和检修时，必须将机器人置于手动模式，并使机器人以低速运行。

4）调试人员进入机器人工作区域时，需随身携带示教器，以防他人误操作。

5）在不移动机器人或不运行程序时，须及时释放使能键。

6）突然停电后，要手动及时关闭机器人的主电源和气源。

7）严禁非授权人员在手动模式下进入机器人软件系统随意修改程序及参数。

8）发生火灾时，应使用二氧化碳灭火器灭火。

9）机器人停止运动时，手臂上不能夹持工件或任何物品。

10）气路系统中的压力可达 0.6 MPa，任何相关检修都必须切断气源。

11）维修人员必须保管好钥匙，严禁非授权人员使用机器人。

4.1.3 机器人系统的启动和关闭

1. 机器人系统的启动

在确认机器人工作范围内无人后，合上机器人控制柜上的主电源开关，系统自动检查硬件。检查完成后，若没有发现故障，系统将在示教器显示初始界面。

正常启动后，机器人系统通常保持最后一次关闭电源时的状态，且程序指引位置保持不变，全部数字输出都保持断电以前的值或置为系统参数指定的值，原有程序可以立即执行。

2. 机器人系统的关闭

关闭机器人系统需要关闭控制柜上的主电源开关。当机器人系统关闭时，所有数字输出都被置为0，这会影响到机器人的手爪和外部设备。因此，在关闭机器人系统之前，首先要检查是否有人处于工作区域内，以及设备是否运行，以免发生意外。如果有程序正在运行或者手爪握有工件，则要先用示教器上的停止按钮使程序停止运行并使手爪释放工件，然后再关闭主电源开关。

4.1.4 机器人坐标系的建立

1. 机器人坐标系

机器人系统的坐标系包含绝对坐标系（即 World 坐标系）、机座坐标系（即 Base 坐标系）、工具坐标系（即 Tool 坐标系）及工件坐标系（即 Wobj 坐标系）等。其相互关系如图 4-9 所示。规定坐标系的目的在于对机器人进行轨迹规划和编程时，提供一种标准，尤其是对于由两台以上工业机器人组成的机器人工作站或柔性生产系统，要实现机器人之间的配合协作，必须是在相同的坐标系中。工具坐标系的原点一般在机器人第六轴面板的圆心。

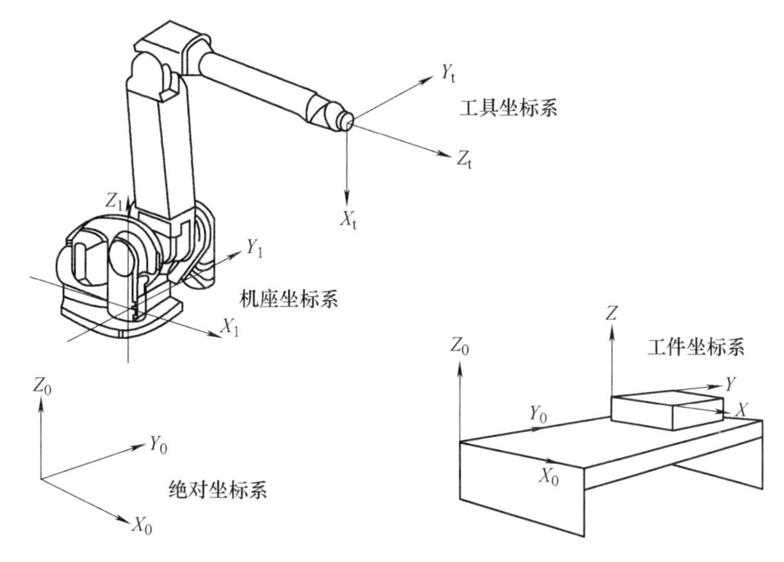

图 4-9 机器人坐标系的相互关系

2. 机器人坐标系的建立方法

就一个机器人来说，绝对坐标系和机座坐标系可以看作一个坐标系；但对于由多个机器人组成的系统，绝对坐标系和机座坐标系则是两个不同的坐标系。

(1) 工件坐标系的建立　建立方法如下：

主菜单→程序数据→工件坐标系→新建→名称→定义工件坐标系。

定义工件坐标系有如下两种方法：

1) 直接输入坐标值，即 x、y、z 的值。

2) 示教法：编辑→定义→第一点→第二、三点（三点不在同一条直线上即可）。

(2) 工具坐标系的建立　建立方法如下：

主菜单→程序数据→工具坐标系→新建→名称→定义工具坐标系。

定义工具坐标系有如下两种方法：

1) 直接输入新的坐标值，即 x、y、z 的值，同时要输入或自行测量焊枪中心和转动惯量。

2) 示教法：工具坐标系→编辑→定义→焊丝对准尖状工件顶尖→更换位置（共 4 次）→变换焊枪姿态（共 4 次）→确定。这种方法又称为四点定义法，也需要输入或自行测量焊枪中心和转动惯量。

4.1.5　机器人手动操作

机器人系统启动后，给机器人各轴的伺服上电后，可以通过摇动摇杆来控制机器人的运动。摇杆可以控制机器人分别在三个方向上运动，也可以控制机器人在三个方向上同时运动。

1. 选择运动单元及运动方式

对机器人进行手动操作，首先要明确选择运动单元及运动方式。

机器人系统可能不仅由机器人本体单独构成，可能还包含其他机械单元，如外部轴（变位机等），也可以被选为运动单元进行单独操作。每个运动单元都有一个标识或名字，这个名字在系统设定时已经进行定义。

ABB 弧焊机器人具有线性运动、重定位运动和单轴运动三种运动方式。

(1) 线性运动　大多数情况下，选择从 A 点移动到 B 点时，机器人的运行轨迹为直线，所以称为直线运动，也称为线性运动。其特点是焊枪（或工件）姿势保持不变，只是位置改变。

(2) 重定位运动　重定位运动的特点是焊枪（或工件）姿势改变，而位置保持不变。

(3) 单轴运动　通过摇动摇杆控制机器人单轴运动的步骤如下：

1) 将模式选择旋钮置于手动模式。

2) 选择运动单元。方法有两种：一是在 ABB 主菜单中选择手动操纵，显示操作属性；按机械单元键，出现可用的机械单元列表。若选择机器人，则通过摇动摇杆控制机器人本体运动；若选择外部轴，则通过摇动摇杆控制外部轴运动，一个机器人最多可以控制 6 个外部轴。二是使用快捷键进行选择，按示教器右下角的快捷键，再按机械单元键，也会出现选择列表，选择想要控制的运动单元就可以了。

3) 选择运动方式。若选择线性移动，则摇动摇杆方向窗口显示相应的操作轴，如 1 ~ 3，4 ~ 6 轴。机器人的轴如图 4-10 所示。

2. 手动移动机器人

轻轻按下使能键，使机器人各轴上电，摇动摇杆使机器人的轴沿不同方向移动。如果不按或者用力按下使能键，机器人的轴不能上电，摇杆不起作用，机器人不能移动。方向属性并不显示操作单元实际运动的方向，操作时可通过轻微摇动摇杆来辨别操作单元的实际运动方向。摇杆倾斜或旋转的角度与机器人的运动速度成正比。

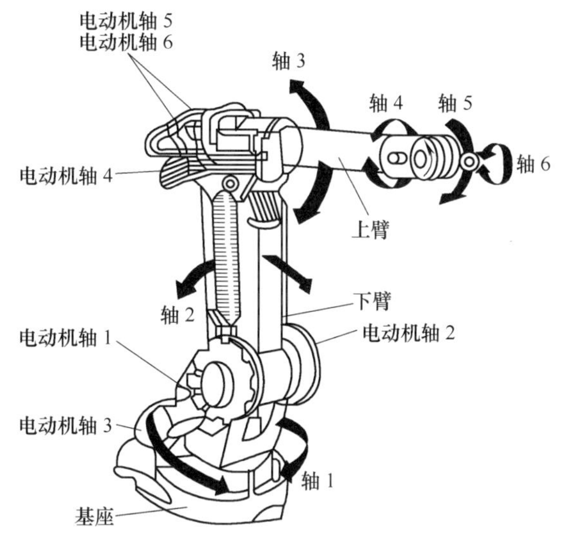

图 4-10　机器人的轴

为了安全，在手动模式下，机器人的移动速度要小于250mm/s。操作人员应面向机器人站立，机器人的移动方向见表 4-3。

表 4-3　机器人的移动方向

摇杆操作方向	机器人移动方向
操作人员的前后方向	沿 *X* 轴运动
操作人员的左右方向	沿 *Y* 轴运动
摇杆正反旋转方向	沿 *Z* 轴运动
摇杆倾斜方向	倾斜移动

4.1.6　机器人精确定点运动

机器人的移动情况与操纵摇杆的方式有关，既可以实现连续移动，也可以实现步进移动。

摇杆偏移 1s，机器人持续步进 10 步；摇杆偏移 1s 以上时，机器人连续移动。摇杆偏移或偏转一次，机器人运动一步，称为步进运动。若机器人需要准确定位到某点，则常用到步进运动功能。

使用快捷键可以在连续运动或步进运动快速切换，还可以设置增量大小。按快捷键，选择增量键，即可选择所需要的增量大小。

计 划 单

学习领域	焊接自动化技术及应用			
学习情境4	弧焊机器人的操作与编程		学时	23学时
任务4.1	弧焊机器人的手动控制		学时	6学时
计划方式	小组讨论			
序号	实施步骤		使用资源	
制订计划说明				
计划评价	评语：			
班级		第　　组	组长签字	
教师签字			日期	

决 策 单

<table>
<tr><td>学习领域</td><td colspan="7">焊接自动化技术及应用</td></tr>
<tr><td>学习情境 4</td><td colspan="5">弧焊机器人的操作与编程</td><td>学时</td><td>23 学时</td></tr>
<tr><td>任务 4.1</td><td colspan="5">弧焊机器人的手动控制</td><td>学时</td><td>6 学时</td></tr>
<tr><td colspan="6">方案讨论</td><td>组号</td><td></td></tr>
<tr><td rowspan="16">方案决策</td><td>组别</td><td>步骤
顺序性</td><td>步骤
合理性</td><td>实施可
操作性</td><td>选用工具
合理性</td><td colspan="2">方案综合评价</td></tr>
<tr><td>1</td><td></td><td></td><td></td><td></td><td colspan="2"></td></tr>
<tr><td>2</td><td></td><td></td><td></td><td></td><td colspan="2"></td></tr>
<tr><td>3</td><td></td><td></td><td></td><td></td><td colspan="2"></td></tr>
<tr><td>4</td><td></td><td></td><td></td><td></td><td colspan="2"></td></tr>
<tr><td>5</td><td></td><td></td><td></td><td></td><td colspan="2"></td></tr>
<tr><td>1</td><td></td><td></td><td></td><td></td><td colspan="2"></td></tr>
<tr><td>2</td><td></td><td></td><td></td><td></td><td colspan="2"></td></tr>
<tr><td>3</td><td></td><td></td><td></td><td></td><td colspan="2"></td></tr>
<tr><td>4</td><td></td><td></td><td></td><td></td><td colspan="2"></td></tr>
<tr><td>5</td><td></td><td></td><td></td><td></td><td colspan="2"></td></tr>
<tr><td>1</td><td></td><td></td><td></td><td></td><td colspan="2"></td></tr>
<tr><td>2</td><td></td><td></td><td></td><td></td><td colspan="2"></td></tr>
<tr><td>3</td><td></td><td></td><td></td><td></td><td colspan="2"></td></tr>
<tr><td>4</td><td></td><td></td><td></td><td></td><td colspan="2"></td></tr>
<tr><td>5</td><td></td><td></td><td></td><td></td><td colspan="2"></td></tr>
<tr><td>方案评价</td><td colspan="7">评语：</td></tr>
<tr><td>班级</td><td></td><td>组长签字</td><td></td><td>教师签字</td><td></td><td colspan="2">月　日</td></tr>
</table>

作 业 单

学习领域	焊接自动化技术及应用		
学习情境 4	弧焊机器人的操作与编程	学时	23 学时
任务 4. 1	弧焊机器人的手动控制	学时	6 学时
作业方式	小组分析、个人解答、现场批阅、集体评判		
1	简述弧焊机器人系统的组成和各部件的功能。		
2	简述控制柜和示教器主要按键的名称和功能。		

3	机器人坐标系的种类有哪些？如何建立工件坐标系？

作业评价：

班级		组号		组长签字	
学号		姓名		教师签字	
教师评分		日期			

检 查 单

学习领域	焊接自动化技术及应用			
学习情境 4	弧焊机器人的操作与编程		学时	23 学时
任务 4.1	弧焊机器人的手动控制		学时	6 学时
序号	检查项目	检查标准	学生自查	教师检查
1	任务书阅读与分析能力，正确理解及描述目标要求	准确理解任务要求		
2	与同组同学协商，确定人员分工	较强的团队协作能力		
3	查阅资料能力	较强的资料检索能力		
4	资料的阅读、分析和归纳能力	较强的分析报告撰写能力		
5	弧焊机器人手动控制精确定点和连续移动	正确操作完成定点和连续移动		
6	安全操作	符合“5S”要求		
7	故障的分析诊断能力	故障处理得当		
检查评价	评语：			
班级		组号		组长签字	
教师签字				日期	

评 价 单

<table>
<tr><td>学习领域</td><td colspan="6">焊接自动化技术及应用</td></tr>
<tr><td>学习情境 4</td><td colspan="4">弧焊机器人的操作与编程</td><td>学时</td><td>23 学时</td></tr>
<tr><td>任务 4.1</td><td colspan="4">弧焊机器人的手动控制</td><td>学时</td><td>6 学时</td></tr>
<tr><td>考核项目</td><td>考核内容及要求</td><td>分值</td><td>学生自评</td><td>小组评分</td><td>教师评分</td><td>实得分</td></tr>
<tr><td>资讯（20%）</td><td>正确回答引导问题</td><td>20</td><td>30%</td><td>—</td><td>70%</td><td></td></tr>
<tr><td>计划（30%）</td><td>设计和规划完成方法和步骤，形成初步方案</td><td>30</td><td>30%</td><td>—</td><td>70%</td><td></td></tr>
<tr><td rowspan="2">决策（20%）</td><td>展示本组的初步方案（10%）</td><td>10</td><td>—</td><td>30%</td><td>70%</td><td></td></tr>
<tr><td>组间讨论确定实施方案（10%）</td><td>10</td><td>—</td><td>30%</td><td>70%</td><td></td></tr>
<tr><td>实施（10%）</td><td>按照方案执行情况（10%）</td><td>10</td><td>30%</td><td>—</td><td>70%</td><td></td></tr>
<tr><td rowspan="3">检查（20%）</td><td>操作过程规范性（5%）</td><td>5</td><td>30%</td><td></td><td>70%</td><td></td></tr>
<tr><td>正确展示成果（10%）</td><td>10</td><td>30%</td><td></td><td>70%</td><td></td></tr>
<tr><td>正确评价（5%）</td><td>5</td><td>30%</td><td></td><td>70%</td><td></td></tr>
<tr><td>评价评语</td><td colspan="6"></td></tr>
<tr><td>班级</td><td></td><td>组号</td><td></td><td>学号</td><td>总评</td><td></td></tr>
<tr><td>教师签字</td><td colspan="2"></td><td>组长签字</td><td></td><td>日期</td><td></td></tr>
</table>

任务 4.2　弧焊机器人示教编程

任　务　单

<table>
<tr><td>学习领域</td><td colspan="5">焊接自动化技术及应用</td></tr>
<tr><td>学习情境 4</td><td colspan="3">弧焊机器人的操作与编程</td><td>学时</td><td>23 学时</td></tr>
<tr><td>任务 4.2</td><td colspan="3">弧焊机器人示教编程</td><td>学时</td><td>11 学时</td></tr>
<tr><td colspan="6">布置任务</td></tr>
<tr><td>学习目标</td><td colspan="5">正确启动机器人系统，新建程序，完成平板对接接头焊接和管板角接接头焊接的示教、加载运行，能够对已有程序进行编辑。</td></tr>
<tr><td>任务描述</td><td colspan="5">在收集和分析 ABB 弧焊机器人常用指令等内容的基础上，正确启动机器人系统；新建弧焊焊接程序，先后完成平板对接接头焊接和管板角接接头焊接的示教；保存程序并加载运行，能够对已有程序进行编辑，最终获得完整的平板对接接头焊接和管板角接接头焊接的弧焊焊接程序。</td></tr>
<tr><td>任务分析</td><td colspan="5">各小组对任务进行分析、讨论，并根据收集的信息，在了解示教再现原理的基础上，掌握新建和加载程序的方法、常用的直线焊接指令和圆弧焊接指令，最终实现平板对接接头焊接和管板角接接头焊接的示教编程。需要掌握的内容有：
1. 新建和加载程序。
2. 常用的直线焊接指令。
3. 常用的圆弧焊接指令。</td></tr>
<tr><td>学时安排</td><td>资讯
4 学时</td><td>计划
2 学时</td><td>决策
1 学时</td><td>实施
3 学时</td><td>检查评价
1 学时</td></tr>
<tr><td>提供资料</td><td colspan="5">1. 李荣雪．弧焊机器人操作与编程．北京：机械工业出版社，2011.
2. 叶晖．工业机器人典型应用案例精析．北京：机械工业出版社，2013.
3. 叶晖，管小清．工业机器人实操与应用技巧．北京：机械工业出版社，2010.
4. 兰虎．焊接机器人编程及应用．北京：机械工业出版社，2013.</td></tr>
<tr><td>对学生的要求</td><td colspan="5">1. 能对任务进行分析，能正确理解和描述目标要求。
2. 具备独立思考、善于提问的学习习惯。
3. 具备查询资料能力以及严谨求实和开拓创新的学习态度。
4. 能执行企业“5S”质量管理体系要求，具有良好的职业意识和社会能力。
5. 具备团队协作、爱岗敬业的精神。</td></tr>
</table>

资 讯 单

<table>
<tr><td>学习领域</td><td colspan="3">焊接自动化技术及应用</td></tr>
<tr><td>学习情境 4</td><td>弧焊机器人的操作与编程</td><td>学时</td><td>23 学时</td></tr>
<tr><td>任务 4. 2</td><td>弧焊机器人示教编程</td><td>学时</td><td>11 学时</td></tr>
<tr><td>资讯方式</td><td colspan="3">实物、参考资料</td></tr>
<tr><td>资讯问题</td><td colspan="3">1. 弧焊机器人示教与再现的关系是怎样的?
2. 如何新建和加载程序?
3. 常用的指令和具体使用方法是怎样的?
4. 平板对接接头焊接的示教编程步骤有哪些?
5. 管板角接接头焊接的示教编程步骤有哪些?</td></tr>
<tr><td>资讯引导</td><td colspan="3">资讯问题 1 可参考《焊接机器人编程及应用》(兰虎)及《弧焊机器人操作与编程》(李荣雪)。
资讯问题 2 ~5 可参考《弧焊机器人操作与编程》(李荣雪)及《工业机器人典型应用案例精析》(叶晖、管小清)。</td></tr>
</table>

信　息　单

4.2.1　示教与再现

绝大多数工业机器人属于示教再现方式的机器人。“示教”就是机器人学习的过程，在这个过程中，操作者要“手把手”地教机器人做某些动作，机器人的控制系统会以程序的形式将这些动作记录下来。“再现”就是机器人按照示教时记录下来的程序展现这些动作的过程。示教再现机器人的工作原理如图4-11所示。

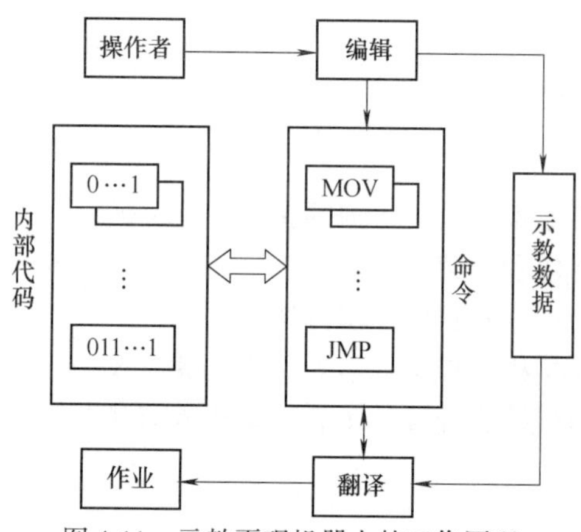

图4-11　示教再现机器人的工作原理

示教时，操作者通过示教器编写示教指令，也就是工作程序，然后由计算机查找相应的功能代码并存入某个指定的示教数据区。这个过程称为示教编程。

再现时，机器人的计算机控制系统自动逐条取出示教指令及其他有关数据，然后进行解读、计算，做出判断后，将信号传送给机器人相应的关节伺服驱动器或端口，使机器人再现示教时的动作。

用机器人代替焊工进行焊接作业时，必须预先对机器人发出指令，规定机器人应该完成的动作和作业的具体内容。这些赋予机器人的各种信息基本由运动路径、作业条件和作业顺序三部分组成。因此，操作者要实现对机器人的示教，只需对机器人完成运动路径、作业条件和作业顺序的示教。

对机器人的运动路径的示教是为了完成某一作业。机器人工具中心点所要运动的路径，是机器人示教的重点，目前主要采用点到点（PTP）方式示教各段运动路径的端点，而端点之间的连续轨迹（Continuous Path）控制由机器人控制系统的规划部分通过运算产生。作业条件、作业顺序的示教主要是为了获得好的质量，对焊接电流、焊接电压、焊接速度等参数进行设置。

4.2.2　新建与加载程序

新建与加载一个程序的步骤如下：

1）在主菜单中选择“程序编辑器”。

2）选择“任务与程序”。

3）若创建新程序，则选择“新建”选项，然后打开软键盘对程序进行命名；若编辑已有的程序，则选择“加载程序”选项，显示文件搜索工具。

4）在搜索结果中选择需要的程序，并予以确认。程序加载界面如图 4-12 所示。为了给新程序留出空间，可以删除先前加载的程序。

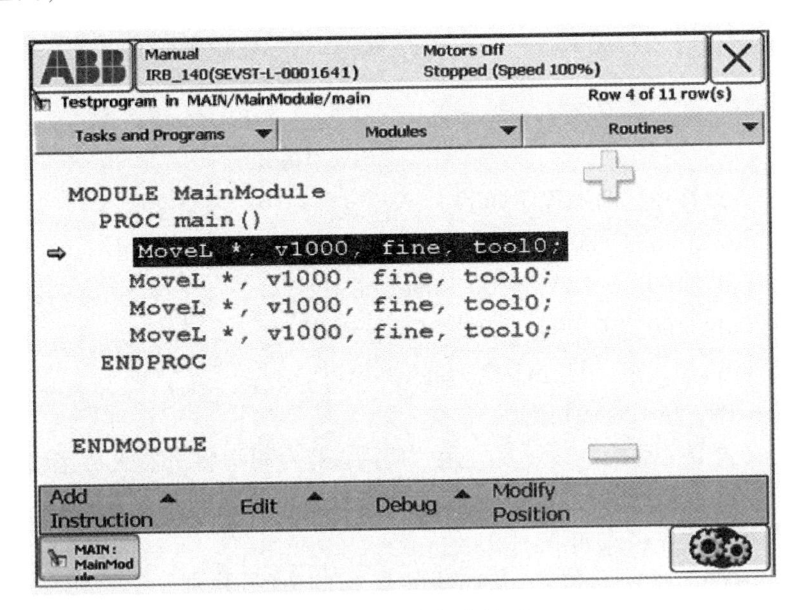

图 4-12　程序加载界面

4.2.3　常用指令及其应用

1. 基本运动指令及其应用

常用基本运动指令包括 MoveL、MoveJ 和 MoveC。

（1）MoveL（直线运动指令）及其应用　使用指令 MoveL 时，只需要示教确定运动路径的起始点和终点（两点确定一条直线）。典型的直线运动程序格式如下：

MoveL p1，v100，z10，tool1；（直线运动起始点程序语句，p1 代表起始点）

p1：目标位置。可以自动记录位置点数据，也可以手动输入位置点数据。

v100：机器人运行速度。

z10：转弯区尺寸。

tool1：工具坐标。

v100 和 z10 这两个参数可以进行修改，方法是将光标移到数据处，按〈Enter〉键进入窗口，选择所需参数即可。其中 z10 还可以进行自定义。

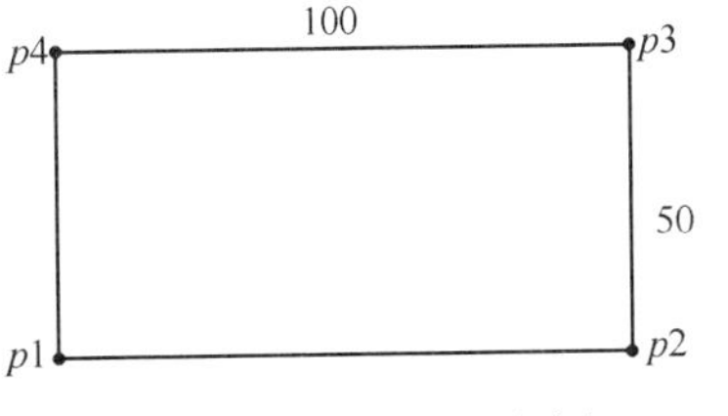

图 4-13　机器人的运动路径

如果采用示教的方法很难确保机器人的运动路径精确，则可以采用 Offs( ) 函数精确确定运动路径的准确数值。机器人的运动路径如图 4-13 所示，机器人从起始点 $p1$，经过点 $p2$、$p3$、$p4$，回到起始点 $p1$。为了确定点 $p1$、$p2$、$p3$、$p4$，可以采用 Offs( ) 函数，通过确定参变量的方法进行点的精确定位。Offs（p1，x，y，z）代表一个距起始点 $p1$ 的 X 方向的位移为 x，Y 方向的位移为 y，Z 方向的位移为 z 的点。使用方法：将光标移至目标点，按〈Enter〉键，选择 Func，再采用〈Tab〉键选择所用函数，并输入数值。

例如，定位点 $p3$ 的程序为：

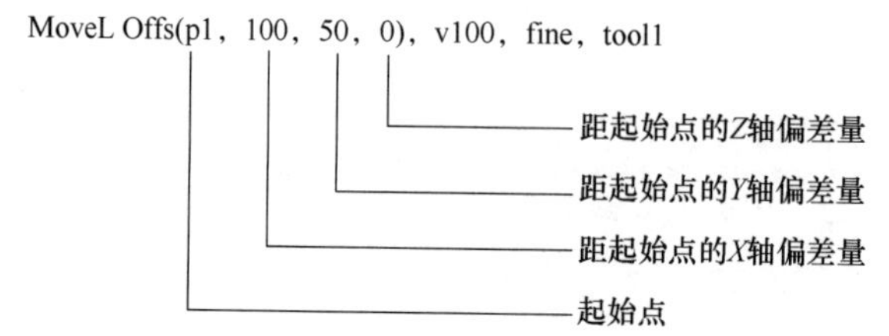

机器人沿长方形路径运动的程序如下：

MoveL p1，v100，fine，tool1；

MoveL Offs（p1，100，0，0），v100，fine，tool1；

MoveL Offs（p1，100，50，0），v100，fine，tool1；

MoveL Offs（p1，0，50，0），v100，fine，tool1；

MoveL p1，v100，fine，tool1；

（2）MoveJ（关节运动指令）及其应用　使用该指令可以将机器人快速移动到给定目标点，运动路径不一定是直线。

典型的关节运动程序格式如下：

MoveJ p2，v1000，z50，tool1；（从起始点 $p1$ 运动到点 $p2$）

（3）MoveC（圆弧运动指令）及其应用　因为不在同一直线上的三点可以确定一段圆弧，所以指令 MoveC 需要示教圆弧的起始点、中间点和终点。整圆路径如图 4-14 所示。典型的圆弧运动程序格式如下：

MoveC p1，p2，v100，z1，tool1；（圆弧运动起始点程序语句，起始点为 p，需要确定另外两点 $p1$ 和 $p2$，即中间点和终点）

例如，机器人沿圆心为点 p，半径为 100mm 的圆运动。

MoveJ p，v500，z1，tool1；

MoveL Offs（p，100，0，0），v500，z1，tool1；

MoveC Offs（p，0，100，0），Offs（p，－100，0，0），v500，z1，tool1；

MoveC Offs（p，0，－100，0），Offs（p，100，0，0），v500，z1，tool1；

MoveJ p，v500，z1，tool1；

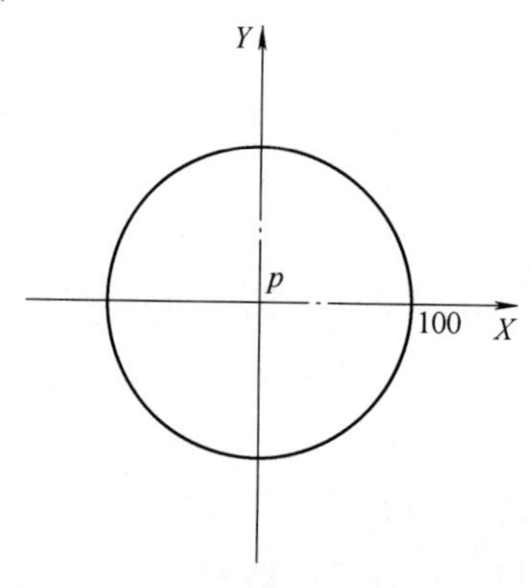

图 4-14　整圆路径

2. 弧焊指令

弧焊指令的基本功能与普通“Move”指令一样，可实现运动及定位。不同的是，弧焊指令还包括三个焊接参数：seam、weld 和 weave。

（1）ArcL　线性焊接指令，类似于 MoveL，包含如下 3 个选项：

1）ArcLStart：开始焊接。

2）ArcLEnd：焊接结束。

3）ArcL：焊接中间点。

典型的线性焊接路径如图 4-15 所示。

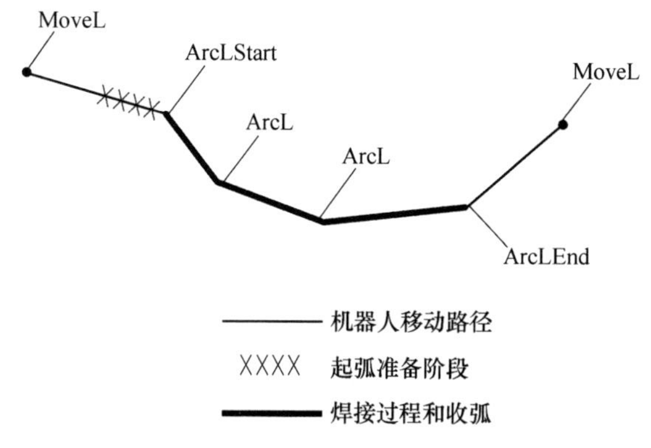

图 4-15　典型的线性焊接路径

（2）ArcC　圆弧焊接指令，类似于 MoveC，包括如下 3 个选项：

1）ArcCStart：开始焊接。

2）ArcCEnd：焊接结束。

3）ArcC：焊接中间点。

典型的圆弧焊接路径如图 4-16 所示。

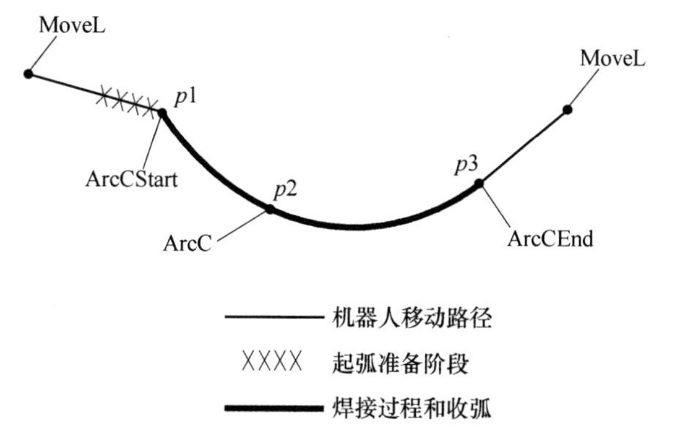

图 4-16　典型的圆弧焊接路径

（3）seam1　弧焊参数的一种，定义起弧和收弧时的相关参数，seam1 中的参数及其含义如下：

purge_time：保护气管路的预充气时间。

preflow_time：保护气的预吹气时间。

back_time：收弧时焊丝的回烧量。

postflow_time：收弧后保护气的吹气时间（为防止焊缝氧化）。

（4）weld1　弧焊参数的一种，定义焊接参数，weld1 中的参数及其含义如下：

weld_speed：焊接速度，单位是 mm/s。

weld_voltage：焊接电压，单位是 V。

weld_wirefeed：焊接时送丝系统的送丝速度，单位是 m/min。

（5）weave1　弧焊参数的一种，定义摆动参数，weave1 中的参数及其含义如下：

weave_shape：焊枪摆动类型，有四种。0——无摆动；1——平面锯齿形摆动；2——空间 V 字形摆动；3——空间三角形摆动。

weave_type：机器人摆动形式，有两种。0——机器人所有的轴均参与摆动；1——仅手腕参与摆动。

weave_length：摆动一个周期的长度。

weave_width：摆动一个周期的宽度。

weave_height：空间摆动一个周期的高度。

（6）\On　可选参数，令焊接系统在该语句的目标点到达之前，依照 seam 参数中的定义，预先启动保护气体，同时将焊接参数进行数模转换，并送往焊机。

（7）\Off　可选参数，令焊接系统在该语句的目标点到达之时，依照 seam 参数中的定义，结束焊接过程。

3. 弧焊指令的应用

（1）编写弧焊程序语句　具体过程如下：

1）操纵机器人定位到所需位置。

2）切换到编辑窗口。

3）选择 ArcL 或 ArcC，出现如图 4-17 所示的弧焊指令编辑窗口。确认后指令将被直接插入程序，指令中的焊接参数仍然保持上一次编程时的设定值。

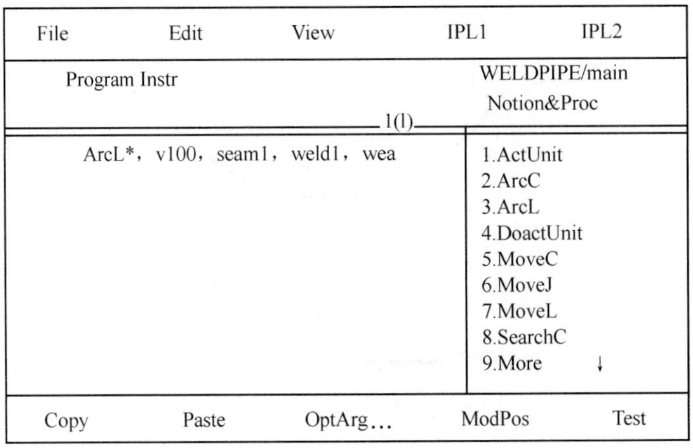

File　Edit　View　IPL1　IPL2

Program Instr　WELDPIPE/main

Notion&Proc

1(1)

ArcL*，v100，seam1，weld1，wea

1.ActUnit
2.ArcC
3.ArcL
4.DoactUnit
5.MoveC
6.MoveJ
7.MoveL
8.SearchC
9.More　↓

Copy　Paste　OptArg…　ModPos　Test

图 4-17　弧焊指令编辑窗口

4）修改焊接参数。如果要修改 seam1，则选中该参数并按〈Enter〉键，出现如图 4-18 所示的焊接参数修改窗口，被选中的参数前有一个“?”，窗口的下半部分列出了所有可选的该类型的参数。选中需要的参数或新建一个，按〈Enter〉键后即完成对该参数的修改。按“Next”功能键可令“?”移动到下一个参数。最后按“OK”功能键确认。

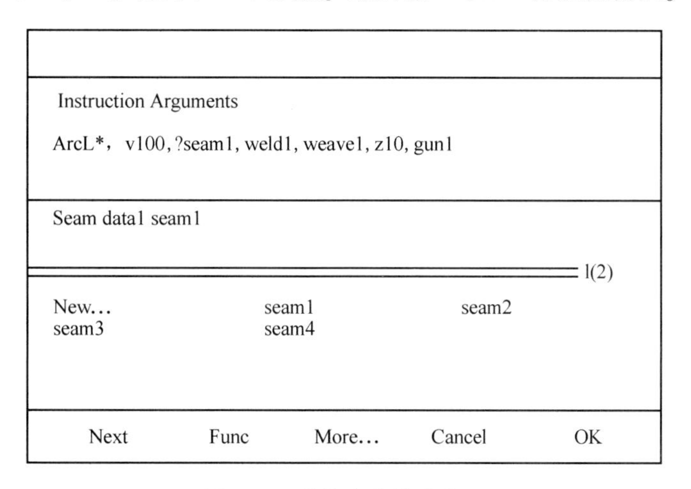
Instruction Arguments
ArcL*, v100, ?seam1, weld1, weave1, z10, gun1
Seam data1 seam1
1(2)
New...
seam1
seam2
seam3
seam4
Next
Func
More...
Cancel
OK

图 4-18　焊接参数修改窗口

采用上述方法也可以对 weld1 参数进行修改。

（2）典型弧焊程序示例　机器人运行路径与焊缝示意图如图 4-19 所示，机器人从起始点 $p1$ 运行到点 $p2$，并从点 $p2$ 起弧开始焊接，焊接到点 $p8$ 熄弧，停止焊接；机器人继续运行到点 $p9$，停止移动。

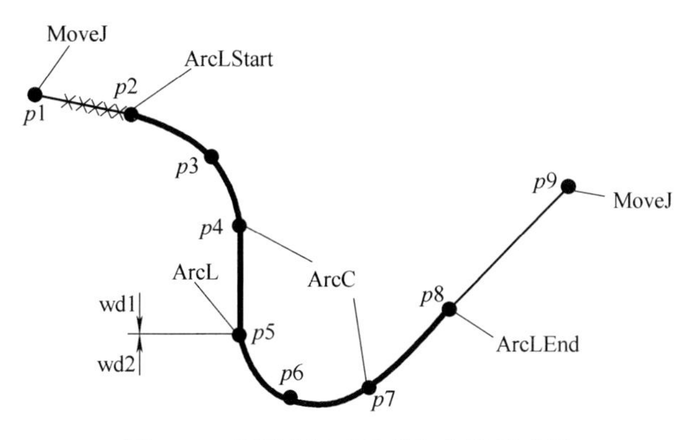

图 4-19　机器人运动路径与焊缝示意图

程序如下：

MoveJ pl, v200, z0, torch;（采用关节运动方式运动到点 $p1$，不一定是直线运动）

ArcLStart \ On p2, v100, seam1, weld1, weave1, fine, torch;（从点 $p1$ 到点 $p2$ 采用直线运动，到点 $p2$ 起弧焊接）

ArcC p3, p4, v100, seam1, weld1, weave1, z10, torch;（从点 $p2$ 到点 $p3$、$p4$ 采用圆弧运动，保持焊接状态）

ArcL p5, v100, seam1, weld1, weave1, z10, torch;（从点 $p4$ 到点 $p5$ 采用直线运动，保持焊接状态）

ArcC p6, p7, v100, seam1, weld2, weave1, z10, torch;（从点 $p5$ 到点 $p6$、$p7$ 采用圆

弧运动，保持焊接状态）

ArcLEnd \ Off p8，v100，seam1，weld2，weave1，fine，torch；（从点 $p7$ 到点 $p8$ 采用直线运动，保持焊接状态，在点 $p8$ 熄弧，结束焊接）

MoveJ p9，v100，z10，torch；（从点 $p8$ 运动到点 $p9$ 采用关节运动方式，不一定是直线运动）

4.2.4 平板对接接头焊接与编程

板对接机器人平焊作业（直线焊缝的焊接）的示教相对容易些，而用机器人完成平板对接接头的焊接共需要六个示教点，实际示教可按照图 4-20 所示的流程展开。

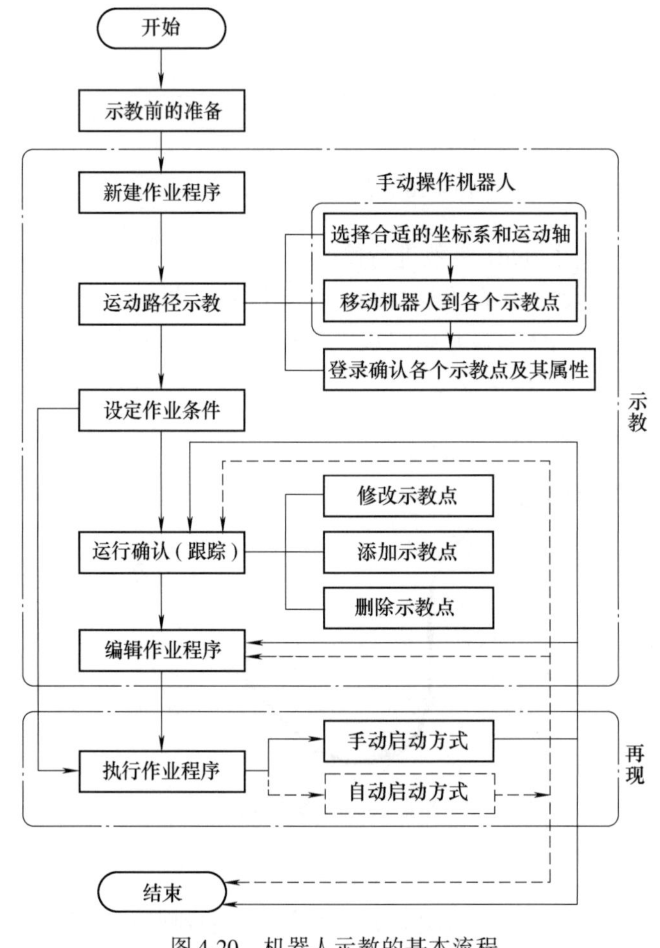

图 4-20 机器人示教的基本流程

机器人完成直线焊缝的焊接仅需要示教两个特征点，也就是直线焊缝的两个端点，使用线性焊接指令即可。

整个程序需要示教两个点，分别为 pweld_10 和 pweld_20。平板对接接头焊接示意图如图 4-21 所示。

程序采用“!”方式添加注释。举例如下：

PROC sWeldingPath( )

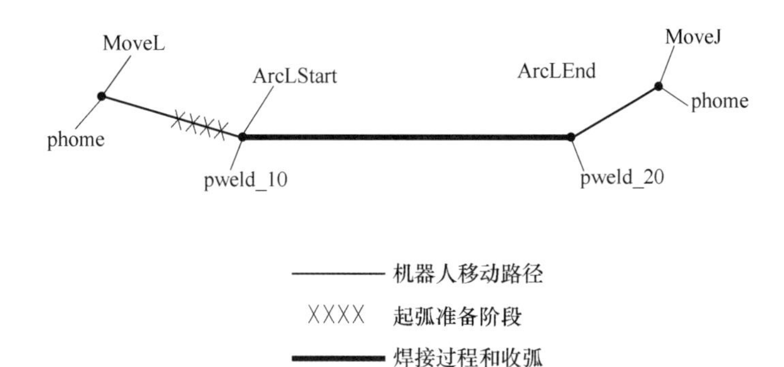

图 4-21　平板对接接头焊接示意图

```
! 焊接路径程序
MoveL phome, vmax, z10, gun1;
Reset soRobotInHome;
! 复位机器人在 home 点的数字输出，从起始点开始运动
MoveJ Offs(pweld_10, 0, 0, 350), v100, z10, gun1;
! 从 home 点运行到起弧目标点上方 350mm 处
ArcLStart pweld_10, v100, seam1, weld1, fine, gun1;
! 使用线性起弧指令 ArcLStart 起弧，开始焊接
ArcLEnd pweld_20, v100, seam1, weld1, fine, gun1;
! 使用线性结束指令 ArcLEnd 收弧，结束焊接
MoveJ Offs(pweld_20, 0, 0, 350), v100, z10, gun1;
! 从 pWeld_20 点运行到收弧目标点上方 350mm 处
MoveJ phome, vmax, z10, gun1;
```

4.2.5　管板角接接头焊接与编程

机器人完成圆弧焊缝焊接仅需要示教 5 个特征点，如图 4-22 所示，使用圆弧焊接指令。

整个程序需要示教 7 个点，分别为 pweld_10、pweld_20、pweld_30、pweld_40、pweld_50、pweld_60 和 pweld_70。

程序如下：

```
MoveJ phome, vmax, z10, gun1;
Reset soRobotInHome;
! 复位机器人在 home 点的数字输出，从起始点开始运动
MoveJ pweld_10, v100, z10, gun1;
! 从 home 点运行到临近点位置
ArcLStart pweld_20, v100, seam1, weld1, fine, gun1;
! 使用线性起弧指令 ArcLStart 起弧，开始焊接
ArcC pweld_30, pweld_40, v100, seam1, weld1, fine, gun1;
! 使用圆弧焊接指令 ArcC 进行半圆弧焊接
ArcCEnd pweld_50, pweld_60, v100, seam1, weld1, fine, gun1;
```

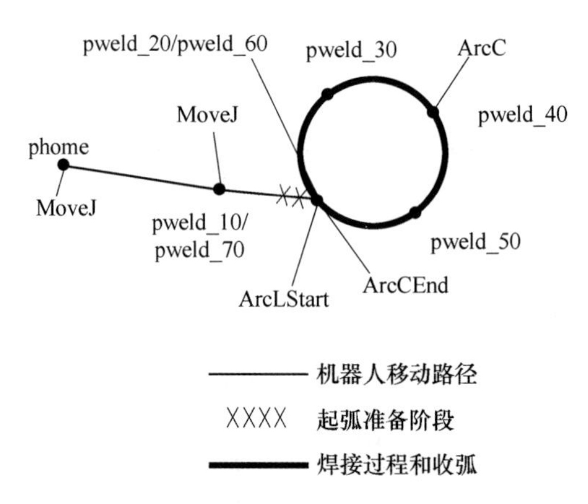

图 4-22　管板角接接头焊接示意图

！使用圆弧焊接结束指令 ArcCEnd 进行另一半圆弧焊接，最终返回圆弧焊接起始点 pweld_60，收弧，结束焊接

MoveJ pweld_70，v100，z10，gun1；

！从 pweld_60 点运行到规避点

MoveJ phome，vmax，z10，gun1；

计　划　单

<table>
<tr><td>学习领域</td><td colspan="7">焊接自动化技术及应用</td></tr>
<tr><td>学习情境4</td><td colspan="5">弧焊机器人的操作与编程</td><td>学时</td><td>23学时</td></tr>
<tr><td>任务4.2</td><td colspan="5">弧焊机器人示教编程</td><td>学时</td><td>11学时</td></tr>
<tr><td>计划方式</td><td colspan="7">小组讨论</td></tr>
<tr><td>序号</td><td colspan="3">实施步骤</td><td colspan="4">使用资源</td></tr>
<tr><td></td><td colspan="3"></td><td colspan="4"></td></tr>
<tr><td></td><td colspan="3"></td><td colspan="4"></td></tr>
<tr><td></td><td colspan="3"></td><td colspan="4"></td></tr>
<tr><td></td><td colspan="3"></td><td colspan="4"></td></tr>
<tr><td></td><td colspan="3"></td><td colspan="4"></td></tr>
<tr><td></td><td colspan="3"></td><td colspan="4"></td></tr>
<tr><td></td><td colspan="3"></td><td colspan="4"></td></tr>
<tr><td></td><td colspan="3"></td><td colspan="4"></td></tr>
<tr><td>制订计划
说明</td><td colspan="7"></td></tr>
<tr><td>计划评价</td><td colspan="7">评语：</td></tr>
<tr><td>班级</td><td></td><td>第　　组</td><td colspan="2">组长签字</td><td colspan="3"></td></tr>
<tr><td>教师签字</td><td colspan="2"></td><td colspan="2">日期</td><td colspan="3"></td></tr>
</table>

决 策 单

<table>
<tr><td>学习领域</td><td colspan="6">焊接自动化技术及应用</td></tr>
<tr><td>学习情境4</td><td colspan="4">弧焊机器人的操作与编程</td><td>学时</td><td>23学时</td></tr>
<tr><td>任务4.2</td><td colspan="4">弧焊机器人示教编程</td><td>学时</td><td>11学时</td></tr>
<tr><td colspan="5">方案讨论</td><td>组号</td><td></td></tr>
<tr><td rowspan="16">方案决策</td><td>组别</td><td>步骤
顺序性</td><td>步骤
合理性</td><td>实施可
操作性</td><td>选用工具
合理性</td><td colspan="2">方案综合评价</td></tr>
<tr><td>1</td><td></td><td></td><td></td><td></td><td colspan="2"></td></tr>
<tr><td>2</td><td></td><td></td><td></td><td></td><td colspan="2"></td></tr>
<tr><td>3</td><td></td><td></td><td></td><td></td><td colspan="2"></td></tr>
<tr><td>4</td><td></td><td></td><td></td><td></td><td colspan="2"></td></tr>
<tr><td>5</td><td></td><td></td><td></td><td></td><td colspan="2"></td></tr>
<tr><td>1</td><td></td><td></td><td></td><td></td><td colspan="2"></td></tr>
<tr><td>2</td><td></td><td></td><td></td><td></td><td colspan="2"></td></tr>
<tr><td>3</td><td></td><td></td><td></td><td></td><td colspan="2"></td></tr>
<tr><td>4</td><td></td><td></td><td></td><td></td><td colspan="2"></td></tr>
<tr><td>5</td><td></td><td></td><td></td><td></td><td colspan="2"></td></tr>
<tr><td>1</td><td></td><td></td><td></td><td></td><td colspan="2"></td></tr>
<tr><td>2</td><td></td><td></td><td></td><td></td><td colspan="2"></td></tr>
<tr><td>3</td><td></td><td></td><td></td><td></td><td colspan="2"></td></tr>
<tr><td>4</td><td></td><td></td><td></td><td></td><td colspan="2"></td></tr>
<tr><td>5</td><td></td><td></td><td></td><td></td><td colspan="2"></td></tr>
<tr><td>方案评价</td><td colspan="6">评语：</td></tr>
</table>

班级		组长签字		教师签字		月　日

作　业　单

学习领域	焊接自动化技术及应用		
学习情境 4	弧焊机器人的操作与编程	学时	23 学时
任务 4. 2	弧焊机器人示教编程	学时	11 学时
作业方式	小组分析、个人解答、现场批阅、集体评判		
1	简述平板对接接头焊接示教与编程流程，并给出相应的程序。		

2	简述管板角接接头焊接示教与编程流程，并给出相应的程序。

作业评价：

班级		组号		组长签字	
学号		姓名		教师签字	
教师评分		日期			

检　查　单

<table>
<tr><td>学习领域</td><td colspan="4">焊接自动化技术及应用</td></tr>
<tr><td>学习情境4</td><td colspan="2">弧焊机器人的操作与编程</td><td>学时</td><td>23学时</td></tr>
<tr><td>任务4.2</td><td colspan="2">弧焊机器人示教编程</td><td>学时</td><td>11学时</td></tr>
<tr><td>序号</td><td>检查项目</td><td>检查标准</td><td>学生自查</td><td>教师检查</td></tr>
<tr><td>1</td><td>任务书阅读与分析能力，正确理解及描述目标要求</td><td>准确理解任务要求</td><td></td><td></td></tr>
<tr><td>2</td><td>与同组同学协商，确定人员分工</td><td>较强的团队协作能力</td><td></td><td></td></tr>
<tr><td>3</td><td>查阅资料能力</td><td>较强的资料检索能力</td><td></td><td></td></tr>
<tr><td>4</td><td>资料的阅读、分析和归纳能力</td><td>较强的分析报告撰写能力</td><td></td><td></td></tr>
<tr><td>5</td><td>平板对接和管板角接接头焊接的示教编程</td><td>正确示教并编辑程序</td><td></td><td></td></tr>
<tr><td>6</td><td>安全操作</td><td>符合“5S”要求</td><td></td><td></td></tr>
<tr><td>7</td><td>故障的分析诊断能力</td><td>故障处理得当</td><td></td><td></td></tr>
<tr><td>检查
评价</td><td colspan="4">评语：</td></tr>
<tr><td>班级</td><td></td><td>组号</td><td></td><td>组长签字</td></tr>
<tr><td>教师签字</td><td colspan="2"></td><td>日期</td><td></td></tr>
</table>

评　价　单

学习领域	焊接自动化技术及应用					
学习情境 4	弧焊机器人的操作与编程				学时	23 学时
任务 4. 2	弧焊机器人示教编程				学时	11 学时
考核项目	考核内容及要求	分值	学生自评	小组评分	教师评分	实得分
资讯（20%）	正确回答引导问题	20	30%	—	70%	
计划（30%）	设计和规划完成方法和步骤，形成初步方案	30	30%	—	70%	
决策（20%）	展示本组的初步方案（10%）	10	—	30%	70%	
	组间讨论确定实施方案（10%）	10	—	30%	70%	
实施（10%）	按照方案执行情况（10%）	10	30%	—	70%	
检查（20%）	操作过程规范性（5%）	5	30%		70%	
	正确展示成果（10%）	10	30%		70%	
	正确评价（5%）	5	30%		70%	
评价评语						
班级		组号		学号		总评
教师签字		组长签字			日期	

任务4.3　弧焊机器人离线编程

任　务　单

<table>
<tr><td>学习领域</td><td colspan="5">焊接自动化技术及应用</td></tr>
<tr><td>学习情境4</td><td colspan="3">弧焊机器人的操作与编程</td><td>学时</td><td>23学时</td></tr>
<tr><td>任务4.3</td><td colspan="3">弧焊机器人离线编程</td><td>学时</td><td>6学时</td></tr>
<tr><td colspan="6">布置任务</td></tr>
<tr><td>学习目标</td><td colspan="5">正确安装RobotStudio软件，能够在离线编程环境中创建用于示教器操作练习的仿真工作站，并实现在线功能。</td></tr>
<tr><td>任务描述</td><td colspan="5">收集和分析机器人离线编程系统组成和系统安装等信息，正确安装Robot-Studio软件；在离线编程软件RobotStudio的虚拟环境下，创建一个用于示教器操作练习的仿真工作站，并在其中完成基本操作，能够使用其在线功能。</td></tr>
<tr><td>任务分析</td><td colspan="5">各小组对任务进行分析、讨论，并根据收集的信息，在了解机器人编程方法和离线编程系统组成的基础上，掌握安装RobotStudio软件的方法，并在离线环境下建立仿真工作站，掌握基本的操作，最终实现离线编程。需要查找的内容有：
1. 如何安装RobotStudio软件。
2. 如何创建一个用于示教器操作练习的仿真工作站。</td></tr>
<tr><td>学时安排</td><td>资讯
2学时</td><td>计划
1学时</td><td>决策
1学时</td><td>实施
1.5学时</td><td>检查评价
0.5学时</td></tr>
<tr><td>提供资料</td><td colspan="5">1. 李荣雪. 弧焊机器人操作与编程. 北京：机械工业出版社，2011.
2. 叶晖. 工业机器人典型应用案例精析. 北京：机械工业出版社，2013.
3. 叶晖，管小清. 工业机器人实操与应用技巧. 北京：机械工业出版社，2010.
4. 兰虎. 焊接机器人编程及应用. 北京：机械工业出版社，2013.</td></tr>
<tr><td>对学生的要求</td><td colspan="5">1. 能对任务书进行分析，能正确理解和描述目标要求。
2. 具备独立思考、善于提问的学习习惯。
3. 具备查询资料能力以及严谨求实和开拓创新的学习态度。
4. 能执行企业“5S”质量管理体系要求，具有良好的职业意识和社会能力。
5. 具备一定的观察理解和判断分析能力。
6. 具备团队协作、爱岗敬业的精神。</td></tr>
</table>

资　讯　单

学习领域	焊接自动化技术及应用		
学习情境 4	弧焊机器人的操作与编程	学时	23 学时
任务 4.3	弧焊机器人离线编程	学时	6 学时
资讯方式	实物、参考资料		
资讯问题	1. 机器人的编程方法有哪些？它们的区别是什么？ 2. 机器人离线编程系统的组成包括哪几部分？ 3. 如何安装 ABB 弧焊机器人的离线编程软件？ 4. 如何在 RobotStudio 中建立仿真工作站？ 5. 仿真工作站的基本操作方法有哪些？		
资讯引导	资讯问题 1 和 2 可参考《焊接机器人编程及应用》（兰虎）及《弧焊机器人操作与编程》（李荣雪）。 资讯问题 3 和 4 可参考《弧焊机器人操作与编程》（李荣雪）及《工业机器人实操与应用技巧》（叶晖，管小清）。 资讯问题 5 可参考《弧焊机器人操作与编程》（李荣雪）。		

信 息 单

4.3.1 机器人的编程方法

ABB弧焊机器人自动化水平的发挥在很大程度上取决于编程技术。目前，ABB弧焊机器人的编程方法主要有在线示教、机器人语言编程和离线编程三种。

1. 在线示教

在线示教通常是指示教再现法，它是目前大多数工业机器人的主要编程方式。采用这种方法时，程序编制是在机器人现场进行的。首先，操作者必须把机器人终端移动至目标位置；其次，把目标位置对应的机器人关节角度信息写入存储单元，这就是示教过程。当要求再现这些动作时，顺序控制器从存储单元中读出相应位置，机器人就可再现示教时的轨迹和各种操作。这种示教方式在弧焊机器人上得到了广泛的应用，主要包括手把手示教和示教器示教两种类型。

（1）手把手示教　手把手示教是指操作人员牵引装有力-力矩传感器的机器人末端执行器对工件施焊，机器人实时记录整个示教轨迹及各种焊接参数后，就能根据这些在线参数准确再现这一焊接过程。

（2）示教器示教　示教器示教的过程可以分为三步：第一步，根据任务的需要通过示教器将机器人的末端执行器按一定姿态移动到所需要的位置，然后把每一位置的姿态存储下来；第二步，编辑修改示教过的动作；第三步，机器人重复运行示教的过程。

为了示教方便及信息获取快捷、准确，操作者可以选择在不同坐标系下示教。

在线示教的优点是：只需要简单的设备和控制装置即可进行示教，操作简单、易于掌握，而且示教再现过程很快，示教之后马上即可应用。

在线示教的缺点是：编程占用机器人操作时间；很难规划复杂的运动轨迹及准确的直线运动；难以与传感器信息相配合；难以与其他操作同步。

2. 机器人语言编程

机器人语言编程是指采用专用的机器人语言来描述机器人的运动轨迹。机器人语言可以引入传感器信息，可提供一个解决人与机器人通信问题的更通用的方法。

机器人编程语言具有良好的通用性，同一种机器人语言可用于不同类型的机器人。此外，机器人编程语言可解决多个机器人之间的协调工作问题。目前应用于工业的机器人编程语言是动作级和对象级语言。

3. 离线编程

离线编程是指利用计算机图形学的成果，建立机器人及其工作环境的模型，再利用机器人语言及相关算法，通过对图形的控制和操作，在不使用实际机器人的情况下进行轨迹规划，进而生成机器人作业程序。一些离线编程系统带有仿真功能，可以在不接触机器人工作环境的情况下，在三维软件中提供一个和机器人进行交互作用的虚拟环境。

与在线示教相比，离线编程具有以下优点：

1）可减少机器人不工作的时间。

2）编程者远离危险的工作环境。

3）便于和CAD/CAM系统集成，做到CAD/CAM/Robotics一体化。

4）可对复杂任务进行精确编程和作业过程仿真。

5）便于修改机器人程序，从而适应中小批量的生产要求。

6）可降低编程的劳动强度，提高工作效率。

4.3.2 机器人离线编程系统的组成

机器人离线编程软件是机器人应用与研究必不可少的工具。目前，美国、英国、法国、德国等国家的大学实验室、研究所、制造公司等都对机器人离线编程与仿真技术进行了大量的研究，并开发出原型系统和应用系统。国外商品化机器人离线编程与仿真系统见表4-4。

表4-4 国外商品化机器人离线编程与仿真系统

软 件 包	开发公司或研究机构
ROBEX	德国亚琛工业大学
GRASP	英国诺丁汉大学
PLACE	美国 McAuto 公司
Robot-SIM	美国 Calma 公司
ROBOGRAPHIX	美国 Computer Vision 公司
IGRIP	美国 Deneb 公司
ROBCAD	美国 Tecnomatix 公司
CimStation	美国 SILMA 公司
Workspace	美国 Robot Simulations 公司
SMAR	法国普瓦提埃大学

离线编程系统是当前机器人实际应用的一个必要手段，也是开发和研究任务级规划方式的有力工具。离线编程系统主要由用户接口、机器人系统的三维几何构型、运动学计算、轨迹规划、三维图形动态仿真、通信接口等部分组成，其相互关系如图4-23所示。

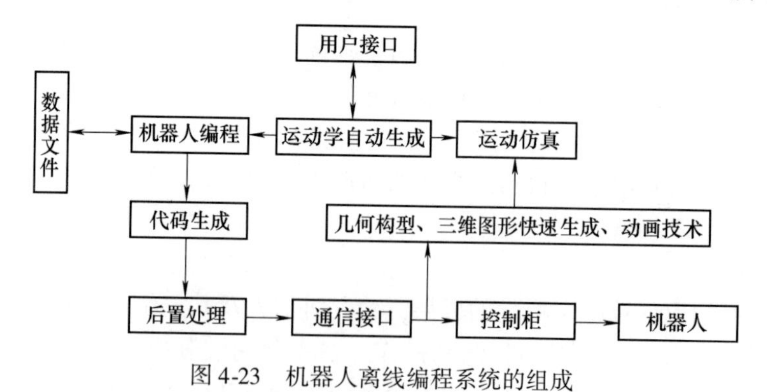

图4-23 机器人离线编程系统的组成

1. 用户接口

离线编程系统的一个关键问题是能否方便地生成三维模拟环境，便于人机交互。因此，用户接口很重要。工业机器人一般提供两个用户接口：一个用于示教编程；另一个用于语言编程。示教编程可以用示教器直接编制机器人程序；语言编程则是用机器人语言编制程序，使机器人完成给定的任务。

由机器人语言发展形成的离线编辑系统应把机器人语言作为用户接口的一部分，用机器人语言对机器人运动程序进行编辑。用户接口的语言部分具有与机器人语言类似的功能，因此在离线编程系统中需要仔细设计。为便于操作，用户接口一般设计成交互式，用户可以用鼠标标明物体在屏幕上的方位，并能交互修改环境模型。

2. 机器人系统的三维几何构型

离线编程系统的一个基本功能是利用图形描述对机器人和工作单元进行仿真，这就要求对工作单元中的机器人所用的夹具、零件和刀具等进行三维实体几何构型。目前，用于机器人系统三维几何构型的方法主要有三种：结构的立体几何表示、扫描变换表示和边界表示。

为了构造机器人系统的三维几何构型，最好采用零件和工具的 CAD 模型（直接从 CAD 系统获得），使 CAD 数据共享。由于对从设计到制造的 CAD 集成系统的需求越来越迫切，因此大部分离线编程系统囊括了 CAD 建模子系统或把离线编程系统本身作为 CAD 系统的一部分。若把离线编程系统作为单独的系统，则必须具有适当的接口，以实现与外部 CAD 系统间的模型转换。

3. 运动学计算

运动学计算就是利用运动学方法在给出机器人运动参数和关节变量值的情况下，计算出机器人的末端位姿；或者是在给定末端位姿的情况下计算出机器人的关节变量值。

4. 轨迹规划

在离线编程系统中，除需要对机器人的静态位置进行运动学计算之外，还需要对机器人的空间运动轨迹进行仿真。不同机器人生产厂家所采用的轨迹规划算法有较大差别，因此，离线编程系统须对机器人控制柜所采用的算法进行仿真。

5. 三维图形动态仿真

机器人动态仿真是离线编程系统的重要组成部分。它能逼真地模拟机器人的实际工作过程，为编程者提供直观的可视图形，进而可以检验编程的正确性和合理性。

6. 通信接口

在离线编程系统中，通信接口起着连接软件系统和机器人控制柜的桥梁作用。利用通信接口，可以把仿真系统所生成的机器人运动程序转换成机器人控制柜可以接收的代码。

4.3.3 安装 RobotStudio

RobotStudio 是 ABB 公司专门开发的工业机器人离线编程软件，它以操作简单、界面友好和功能强大得到了广大机器人工程师的一致好评。

安装步骤如下：

1. 解压缩安装文件

双击压缩包，如图 4-24a 所示，进行解压缩，得到如图 4-24b 所示的文件夹。

2. 安装

1）双击解压缩后文件夹中的文件“launch. exe”，如图 4-25 所示。

2）在弹出的“选择演示的语言”对话框中，选择演示的语言为中文，然后单击“确定”按钮，如图 4-26 所示。

3）在打开的窗口（见图 4-27）中选择“安装产品”。

4）在弹出的窗口中选择安装“RobotWare”和“RobotStudio”，如图 4-28 所示。

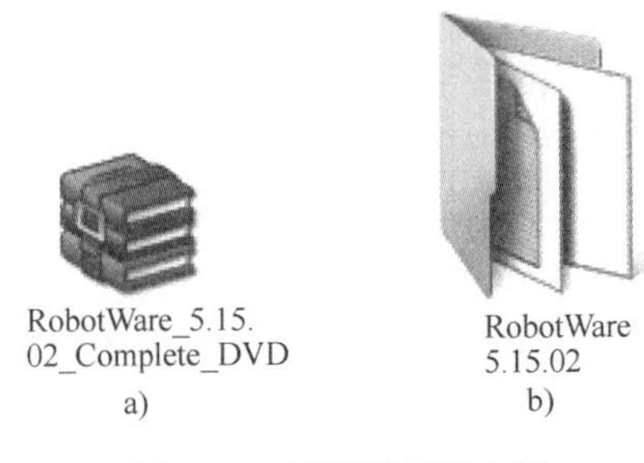

图 4-24　解压缩安装文件

a）安装文件压缩包　b）解压缩后的文件夹

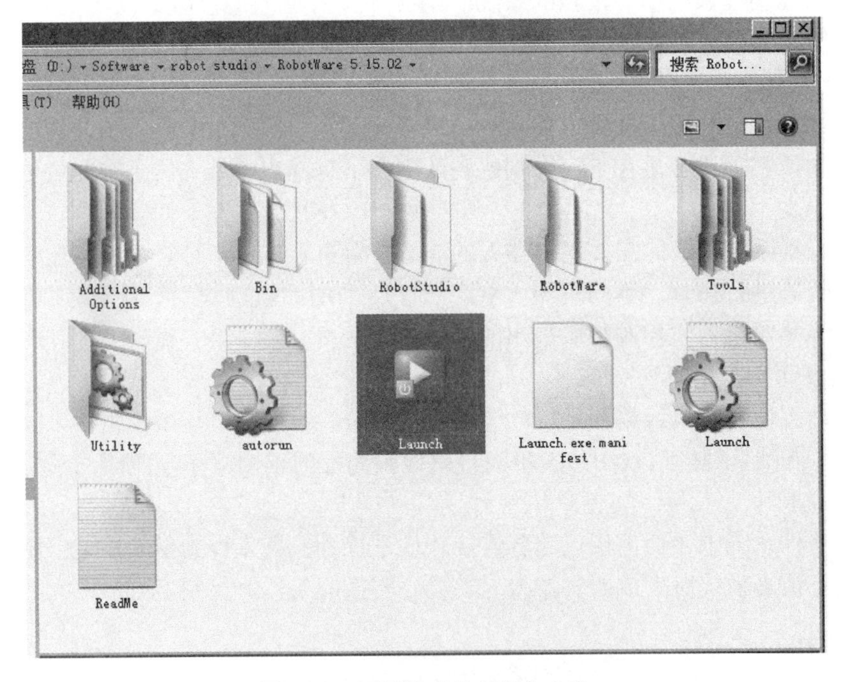

图 4-25　解压缩后的文件夹内容

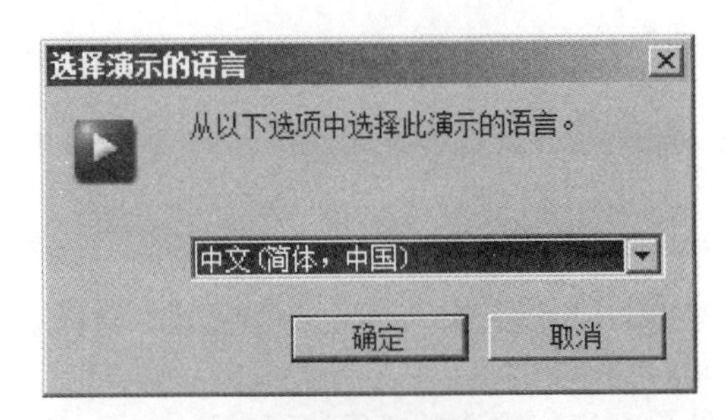

图 4-26　“选择演示的语言”对话框

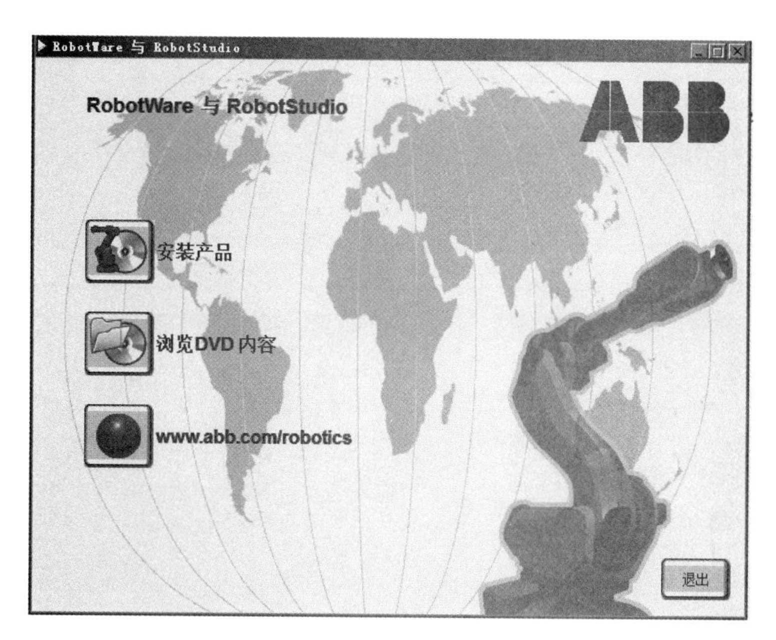

图 4-27　“RobotWare 与 RobotStudio” 窗口 1

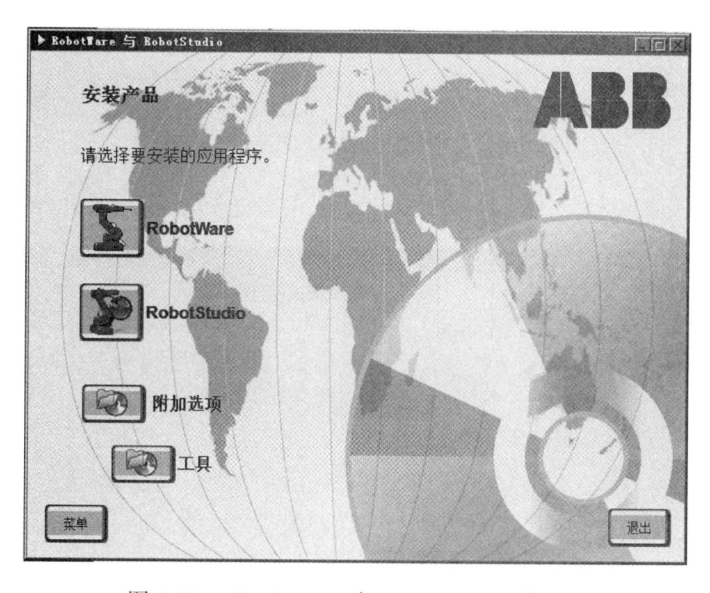

图 4-28　“RobotWare 与 RobotStudio” 窗口 2

4.3.4　在 RobotStudio 中建立练习用的仿真工作站

RobotStudio 中提供了在计算机中进行 ABB 弧焊机器人示教器操作练习的功能。下面介绍如何在 RobotStudio 中建立练习用的仿真工作站。

1）打开 RobotStudio，在“控制器”选项卡中单击“系统生成器”按钮，如图 4-29 所示。

2）弹出“机器人系统生成器”对话框，如图 4-30 所示；先在左侧设定系统存放目录，然后在右侧单击“创建新系统”按钮。

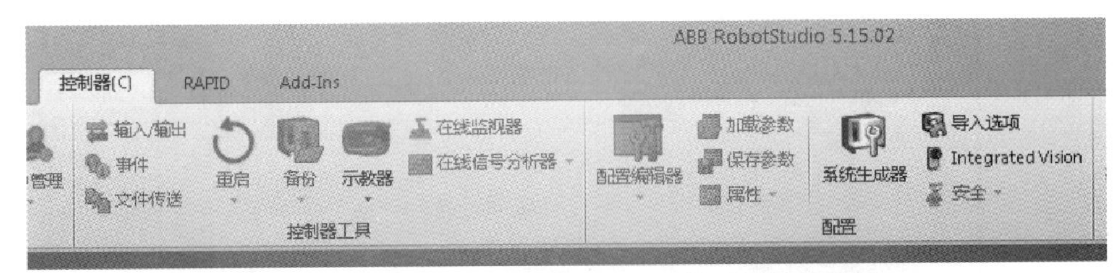

图 4-29　“控制器”选项卡下的“系统生成器”按钮

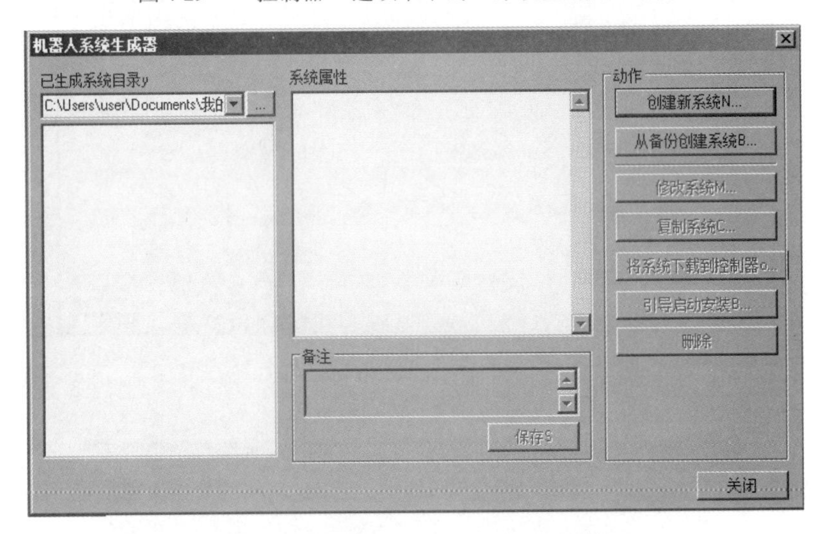

图 4-30　“机器人系统生成器”对话框

3）弹出“新控制器系统”向导对话框，如图 4-31 所示，单击“下一步”按钮。

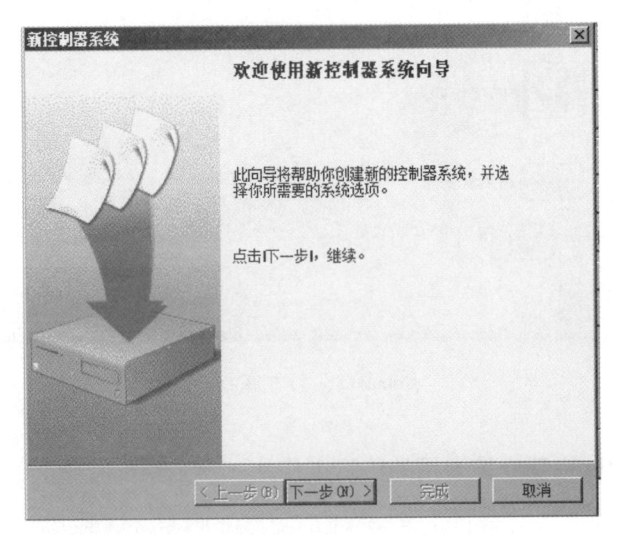

图 4-31　“新控制器系统”向导对话框

4）进入“名字和位置”界面，如图 4-32 所示；按要求输入系统名称和路径。

5）单击“下一步”按钮，进入“输入控制器密钥”界面，如图 4-33 所示；选中“虚拟密钥”复选框，然后单击“下一步”按钮。

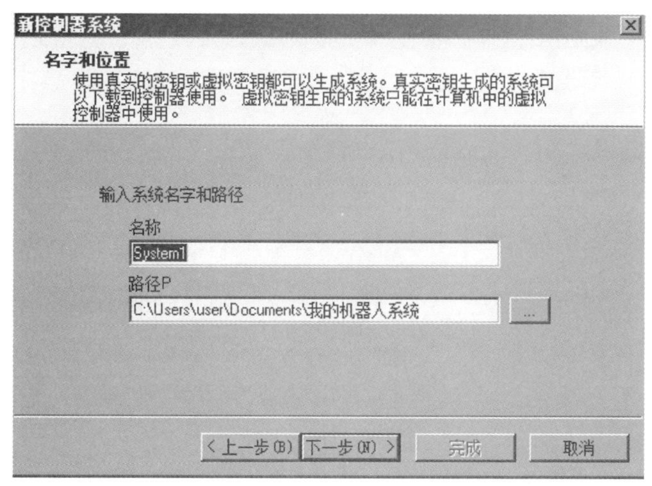

图 4-32　输入系统名称和路径

6）进入“输入驱动器密钥”界面，如图 4-34 所示；单击“输入驱动器密钥 E”旁的箭头按钮，然后单击“下一步”按钮。

7）进入“添加选项”界面，如图 4-35 所示，根据需要设定后，单击“下一步”按钮。

8）进入“修改选项”界面，选中“644-5 Chinese”复选框，如图 4-36 所示；选中“709-x DeviceNet”复选框，如图 4-37 所示；选中“840-2 Profibus Fieldbus Adapter”复选框，如图 4-38 所示。

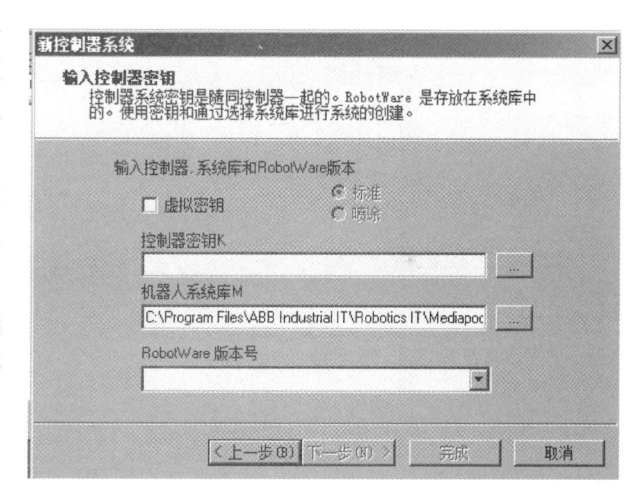

图 4-33　输入控制器密钥

9）单击“完成”按钮，返回“机器人系统生成器”对话框，如图 4-39 所示；单击“关闭”按钮。

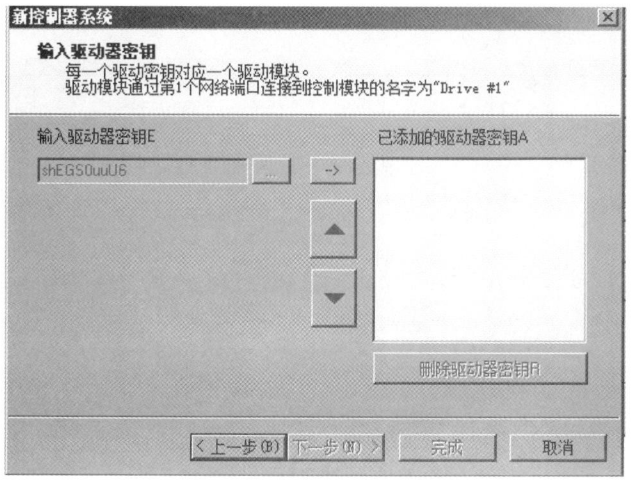

图 4-34　输入驱动器密钥

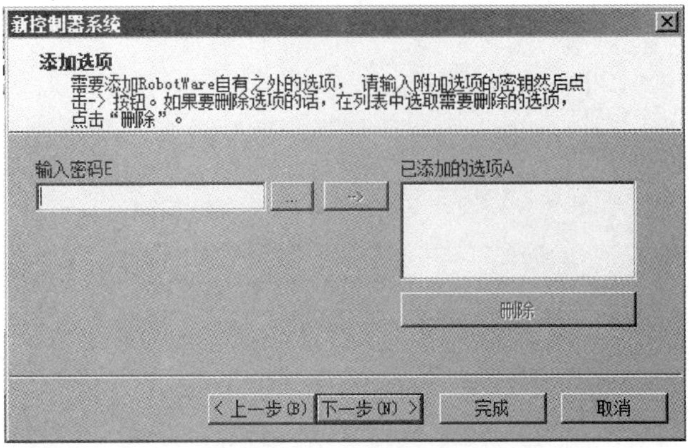

新控制器系统
添加选项
需要添加RobotWare自有之外的选项，请输入附加选项的密钥然后点击-> 按钮。如果要删除选项的话，在列表中选取需要删除的选项，点击“删除”。
输入密码E
已添加的选项A
删除
< 上一步(B)
下一步(N) >
完成
取消

图 4-35　添加选项

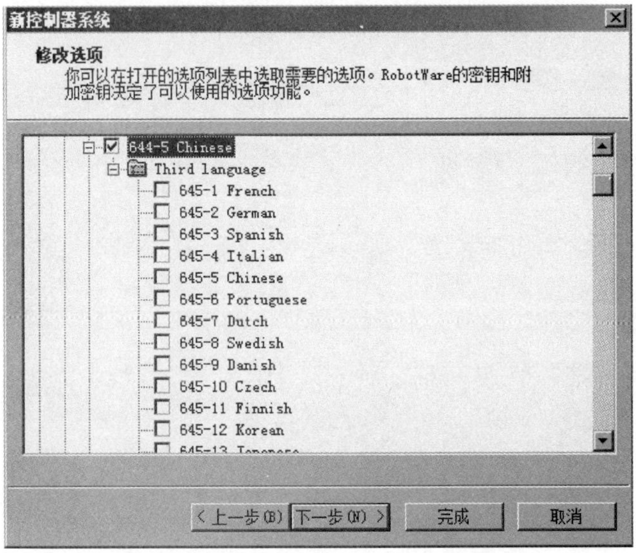

新控制器系统
修改选项
你可以在打开的选项列表中选取需要的选项。RobotWare的密钥和附加密钥决定了可以使用的选项功能。
644-5 Chinese
Third language
645-1 French
645-2 German
645-3 Spanish
645-4 Italian
645-5 Chinese
645-6 Portuguese
645-7 Dutch
645-8 Swedish
645-9 Danish
645-10 Czech
645-11 Finnish
645-12 Korean
< 上一步(B)
下一步(N) >
完成
取消

图 4-36　选中“644-5 Chinese”复选框

新控制器系统
修改选项
你可以在打开的选项列表中选取需要的选项。RobotWare的密钥和附加密钥决定了可以使用的选项功能。
644-16 Turkish
644-17 Hungarian
644-18 Romanian
Hardware
709-x DeviceNet
Master/Slave
709-1 Master/Slave Single
709-2/709-5 Master/Slave Dual
709-4 Master/Slave Quadruple
748-1 DeviceNet Lean
711-1 PROFIBUS DP m/s
888-1 PROFINET IO m/s
888-2 PROFINET m/s SW
888-3 PROFINET slave SW
< 上一步(B)
下一步(N) >
完成
取消

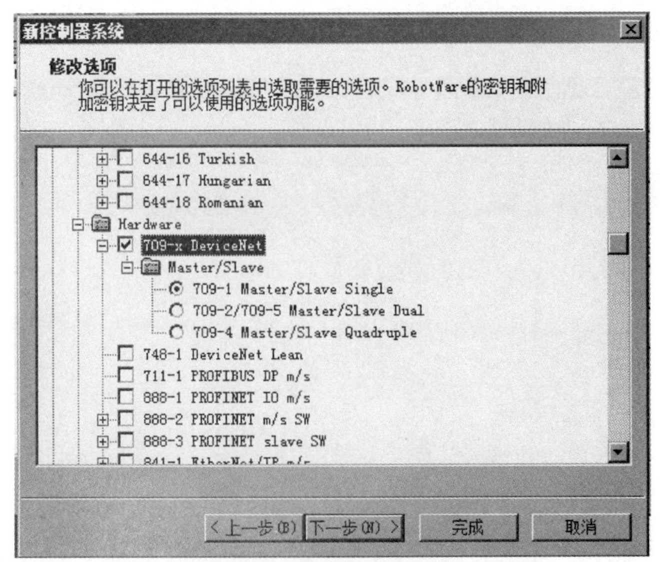

图 4-37　选中“709-x DeviceNet”复选框

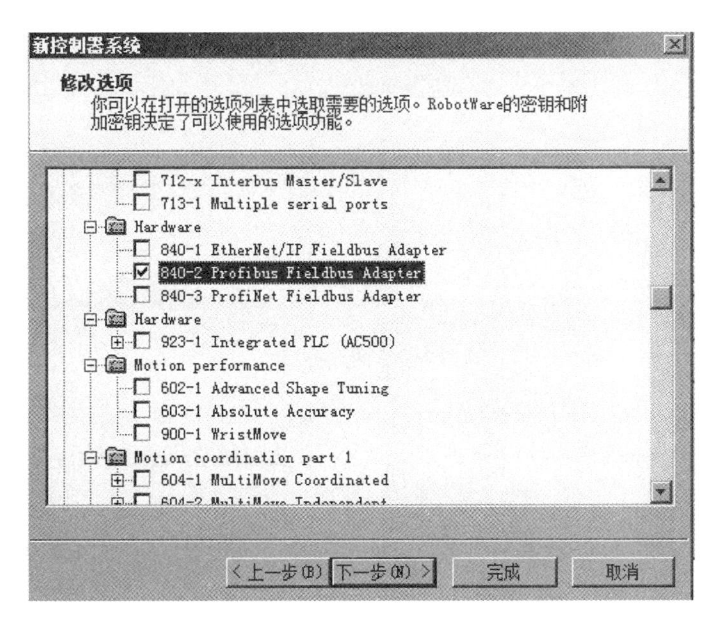

图 4-38 选中“840-2 Profibus Fieldbus Adapter”复选框

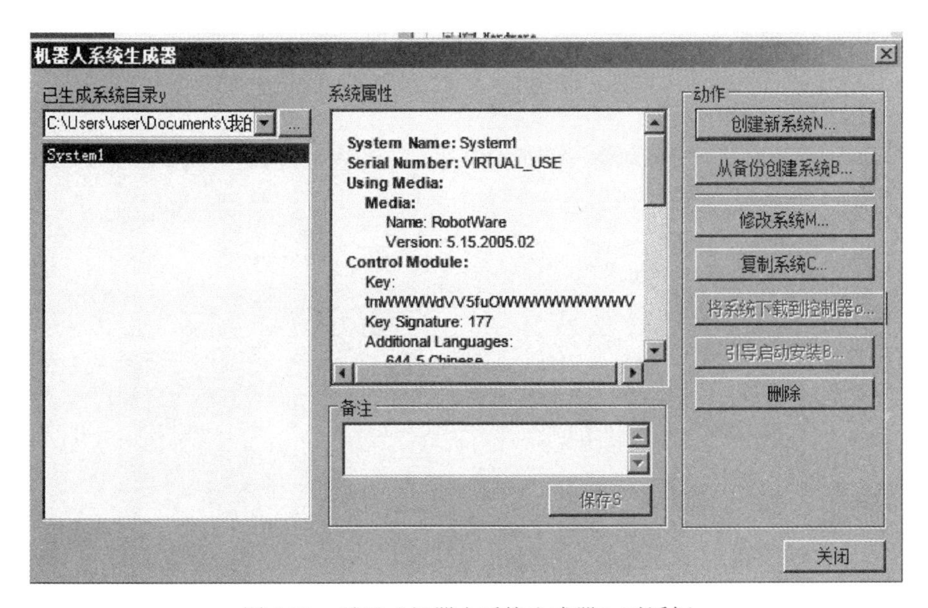

图 4-39 返回“机器人系统生成器”对话框

10）如图 4-40 所示，单击“文件”→“新建”→“带现有机器人控制器的工作站”，在右侧界面中选择“System1”，单击下方的“创建”按钮，进入工作环境。

11）在“控制器”选项卡中单击“控制面板”按钮，将运行模式钥匙开关设置为中间位置（即手动模式），如图 4-41 所示。

12）在控制器工具栏中选择“虚拟示教器”选项，如图 4-42 所示。弹出“虚拟示教器”对话框，如图 4-43 所示。这时就可以在 RobotStudio 中通过操作示教器来代替真实的机器人进行操作。

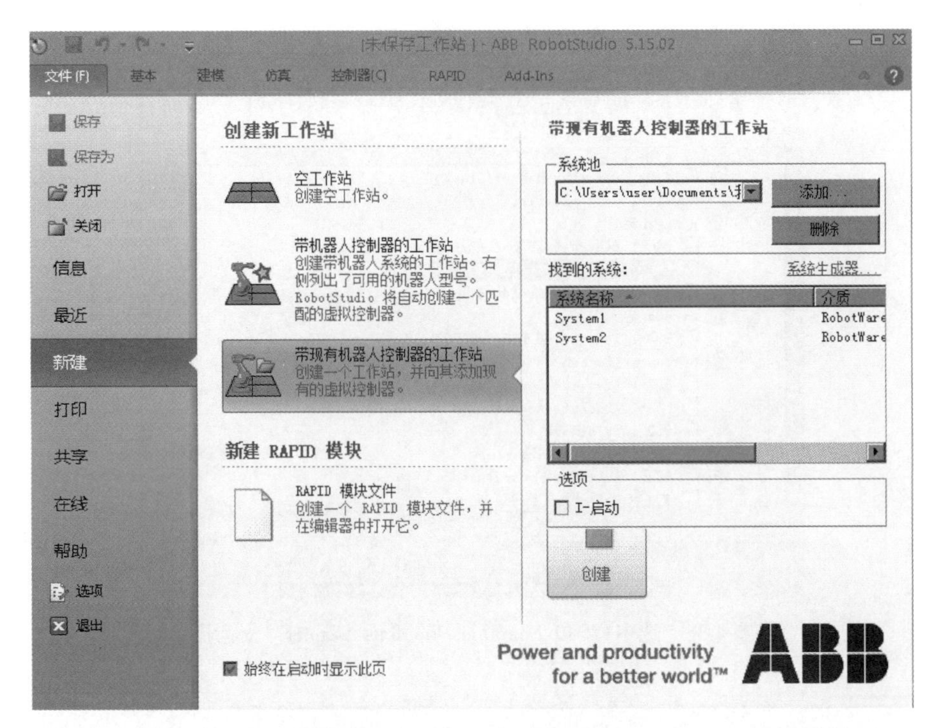

图 4-40　机器人工作站创建窗口

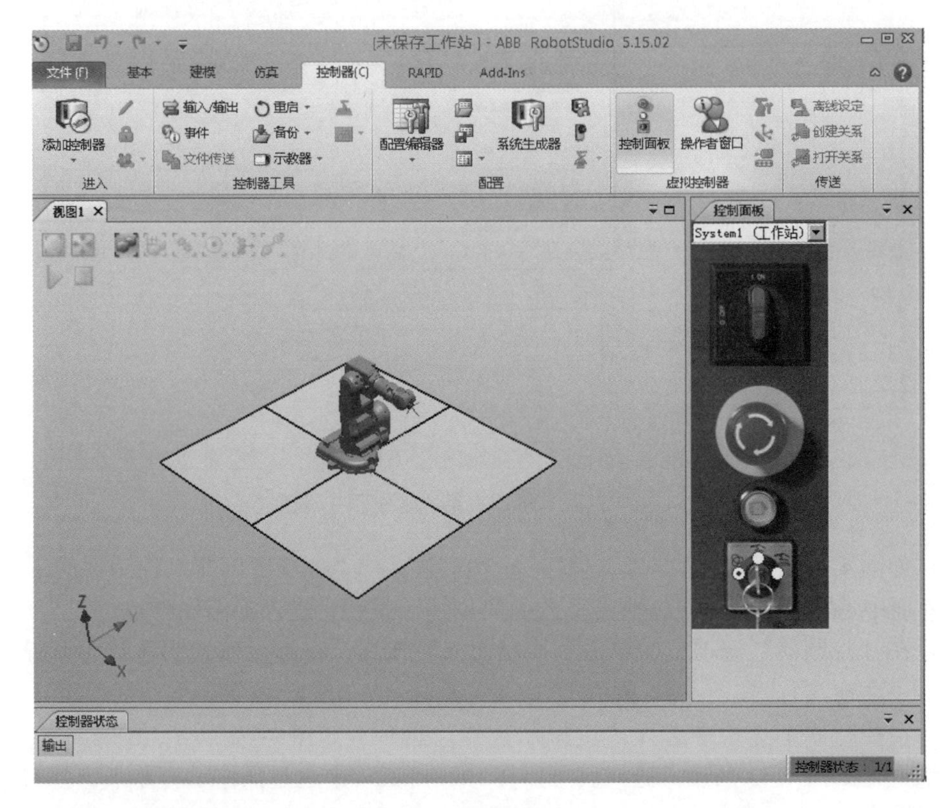

图 4-41　选择手动模式

图 4-42　选择“虚拟示教器”选项

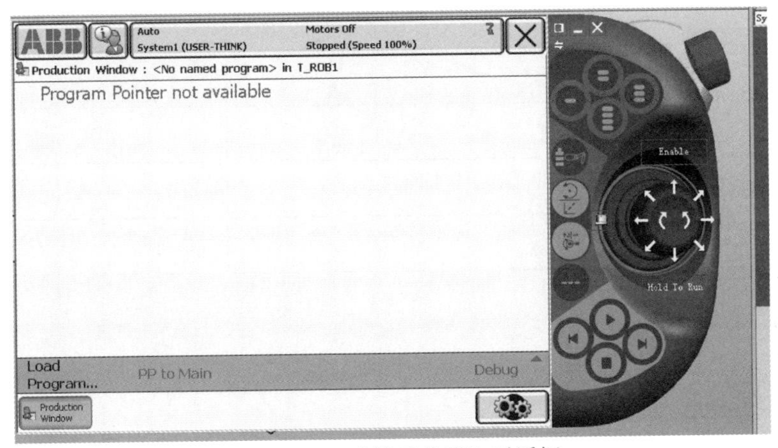

图 4-43　“虚拟示教器”对话框

4.3.5　仿真工作站的基本操作

1. RobotStudio 的基本操作

RobotStudio 的基本操作见表 4-5。

表 4-5　RobotStudio 的基本操作

操 作 方 式	功 能 描 述
单击鼠标左键	选中被单击的物体
〈Ctrl〉+〈Shift〉+单击鼠标左键	旋转工作站
〈Ctrl〉+单击鼠标左键	整体移动工作站
〈Ctrl〉+单击鼠标右键	放大或缩小工作站

2. 虚拟示教器的基本操作

单击示教器左上角的“ABB”按钮，进入示教器主界面。在主界面上可选择“手动操纵”“程序编辑器”及“程序数据”等界面的操作，这些操作与实际的示教器相同。

在虚拟示教器右侧，可选择机器人运行方式为“自动”或“手动”。另外，还可以单击“Enable”按钮，其作用等同于实际示教器上的使能键。

计　划　单

<table>
<tr><td>学习领域</td><td colspan="4">焊接自动化技术及应用</td></tr>
<tr><td>学习情境 4</td><td colspan="2">弧焊机器人的操作与编程</td><td>学时</td><td>23 学时</td></tr>
<tr><td>任务 4. 3</td><td colspan="2">弧焊机器人离线编程</td><td>学时</td><td>6 学时</td></tr>
<tr><td>计划方式</td><td colspan="4">小组讨论</td></tr>
<tr><td>序号</td><td>实施步骤</td><td colspan="3">使用资源</td></tr>
<tr><td></td><td></td><td colspan="3"></td></tr>
<tr><td></td><td></td><td colspan="3"></td></tr>
<tr><td></td><td></td><td colspan="3"></td></tr>
<tr><td></td><td></td><td colspan="3"></td></tr>
<tr><td></td><td></td><td colspan="3"></td></tr>
<tr><td></td><td></td><td colspan="3"></td></tr>
<tr><td></td><td></td><td colspan="3"></td></tr>
<tr><td></td><td></td><td colspan="3"></td></tr>
<tr><td>制订计划
说明</td><td colspan="4"></td></tr>
<tr><td>计划评价</td><td colspan="4">评语：</td></tr>
<tr><td>班级</td><td></td><td>第　　组</td><td>组长签字</td><td></td></tr>
<tr><td>教师签字</td><td colspan="2"></td><td>日期</td><td></td></tr>
</table>

决　策　单

<table>
<tr><td>学习领域</td><td colspan="7">焊接自动化技术及应用</td></tr>
<tr><td>学习情境 4</td><td colspan="5">弧焊机器人的操作与编程</td><td>学时</td><td>23 学时</td></tr>
<tr><td>任务 4. 3</td><td colspan="5">弧焊机器人离线编程</td><td>学时</td><td>6 学时</td></tr>
<tr><td colspan="6">方案讨论</td><td>组号</td><td></td></tr>
<tr><td rowspan="16">方案决策</td><td>组别</td><td>步骤
顺序性</td><td>步骤
合理性</td><td>实施可
操作性</td><td>选用工具
合理性</td><td colspan="2">方案综合评价</td></tr>
<tr><td>1</td><td></td><td></td><td></td><td></td><td colspan="2"></td></tr>
<tr><td>2</td><td></td><td></td><td></td><td></td><td colspan="2"></td></tr>
<tr><td>3</td><td></td><td></td><td></td><td></td><td colspan="2"></td></tr>
<tr><td>4</td><td></td><td></td><td></td><td></td><td colspan="2"></td></tr>
<tr><td>5</td><td></td><td></td><td></td><td></td><td colspan="2"></td></tr>
<tr><td>1</td><td></td><td></td><td></td><td></td><td colspan="2"></td></tr>
<tr><td>2</td><td></td><td></td><td></td><td></td><td colspan="2"></td></tr>
<tr><td>3</td><td></td><td></td><td></td><td></td><td colspan="2"></td></tr>
<tr><td>4</td><td></td><td></td><td></td><td></td><td colspan="2"></td></tr>
<tr><td>5</td><td></td><td></td><td></td><td></td><td colspan="2"></td></tr>
<tr><td>1</td><td></td><td></td><td></td><td></td><td colspan="2"></td></tr>
<tr><td>2</td><td></td><td></td><td></td><td></td><td colspan="2"></td></tr>
<tr><td>3</td><td></td><td></td><td></td><td></td><td colspan="2"></td></tr>
<tr><td>4</td><td></td><td></td><td></td><td></td><td colspan="2"></td></tr>
<tr><td>5</td><td></td><td></td><td></td><td></td><td colspan="2"></td></tr>
<tr><td>方案评价</td><td colspan="7">评语：</td></tr>
<tr><td>班级</td><td></td><td>组长签字</td><td></td><td>教师签字</td><td></td><td colspan="2">月　　日</td></tr>
</table>

作 业 单

学习领域	焊接自动化技术及应用		
学习情境 4	弧焊机器人的操作与编程	学时	23 学时
任务 4.3	弧焊机器人离线编程	学时	6 学时
作业方式	小组分析、个人解答、现场批阅、集体评判		
1	在 RobotStudio 中建立工作站的步骤有哪些?		

2	简述安装 RobotStudio 的步骤。

作业评价：

班级		组号		组长签字	
学号		姓名		教师签字	
教师评分		日期			

检 查 单

学习领域	焊接自动化技术及应用			
学习情境 4	弧焊机器人的操作与编程		学时	23 学时
任务 4. 3	弧焊机器人离线编程		学时	6 学时
序号	检查项目	检查标准	学生自查	教师检查
1	任务书阅读与分析能力，正确理解及描述目标要求	准确理解任务要求		
2	与同组同学协商，确定人员分工	较强的团队协作能力		
3	查阅资料能力	较强的资料检索能力		
4	资料的阅读、分析和归纳能力	较强的分析报告撰写能力		
5	安装软件并建立工作站，完成离线编程	正确安装并创建工作站，完成离线编程		
6	安全操作	符合“5S”要求		
7	故障的分析诊断能力	故障处理得当		
检查评价	评语：			

班级		组号		组长签字	
教师签字				日期	

评　价　单

<table>
<tr><td>学习领域</td><td colspan="7">焊接自动化技术及应用</td></tr>
<tr><td>学习情境 4</td><td colspan="5">弧焊机器人的操作与编程</td><td>学时</td><td>23 学时</td></tr>
<tr><td>任务 4.3</td><td colspan="5">弧焊机器人离线编程</td><td>学时</td><td>6 学时</td></tr>
<tr><td>考核项目</td><td>考核内容及要求</td><td>分值</td><td>学生自评</td><td>小组评分</td><td>教师评分</td><td colspan="2">实得分</td></tr>
<tr><td>资讯（20%）</td><td>正确回答引导问题</td><td>20</td><td>30%</td><td>—</td><td>70%</td><td colspan="2"></td></tr>
<tr><td>计划（30%）</td><td>设计和规划完成方法和步骤，形成初步方案</td><td>30</td><td>30%</td><td>—</td><td>70%</td><td colspan="2"></td></tr>
<tr><td rowspan="2">决策（20%）</td><td>展示本组的初步方案（10%）</td><td>10</td><td>—</td><td>30%</td><td>70%</td><td colspan="2"></td></tr>
<tr><td>组间讨论确定实施方案（10%）</td><td>10</td><td>—</td><td>30%</td><td>70%</td><td colspan="2"></td></tr>
<tr><td>实施（10%）</td><td>按照方案执行情况（10%）</td><td>10</td><td>30%</td><td>—</td><td>70%</td><td colspan="2"></td></tr>
<tr><td rowspan="3">检查（20%）</td><td>操作过程规范性（5%）</td><td>5</td><td>30%</td><td></td><td>70%</td><td colspan="2"></td></tr>
<tr><td>正确展示成果（10%）</td><td>10</td><td>30%</td><td></td><td>70%</td><td colspan="2"></td></tr>
<tr><td>正确评价（5%）</td><td>5</td><td>30%</td><td></td><td>70%</td><td colspan="2"></td></tr>
<tr><td>评价评语</td><td colspan="7"></td></tr>
<tr><td>班级</td><td></td><td>组号</td><td></td><td>学号</td><td></td><td>总评</td><td></td></tr>
<tr><td>教师签字</td><td colspan="2"></td><td>组长签字</td><td colspan="2"></td><td>日期</td><td></td></tr>
</table>

参 考 文 献

［1］李荣雪．弧焊机器人操作与编程［M］．北京：机械工业出版社，2011.
［2］叶晖．工业机器人典型应用案例精析［M］．北京：机械工业出版社，2013.
［3］叶晖，管小清．工业机器人实操与应用技巧［M］．北京：机械工业出版社，2010.
［4］兰虎．焊接机器人编程及应用［M］．北京：机械工业出版社，2013.
［5］胡绳荪．焊接自动化技术及其应用［M］．北京：机械工业出版社，2007.
［6］王秀萍，余金华，林丽莉．LabVIEW 与 NI-ELVIS 实验教程：入门与进阶［M］．杭州：浙江大学出版社，2012.
［7］秦益霖，李晴．虚拟仪器应用技术项目教程［M］．北京：中国铁道出版社，2010.
［8］谷腰欣司．直流电动机实际应用技巧［M］．王益全，译．北京：科学出版社，2006.
［9］李江全，等．LabVIEW 虚拟仪器从入门到测控应用 130 例［M］．北京：电子工业出版社，2013.
［10］蒋力培，薛龙，邹勇．焊接自动化实用技术［M］．北京：机械工业出版社，2010.
［11］向晓汉．三菱 FX 系列 PLC 完全精通教程［M］．北京：化学工业出版社，2012.
［12］张伟林．电气控制与 PLC 应用［M］．北京：人民邮电出版社，2007.
［13］陈栋，崔秀华．虚拟仪器应用设计［M］．西安：西安电子科技大学出版社，2009.
［14］刘畅生，等．传感器简明手册及应用电路：压力传感器分册［M］．西安：西安电子科技大学出版社，2007.